天下雜誌出版
CommonWealth
Mag. Publishing

請問CEO 你可以有點人性嗎？

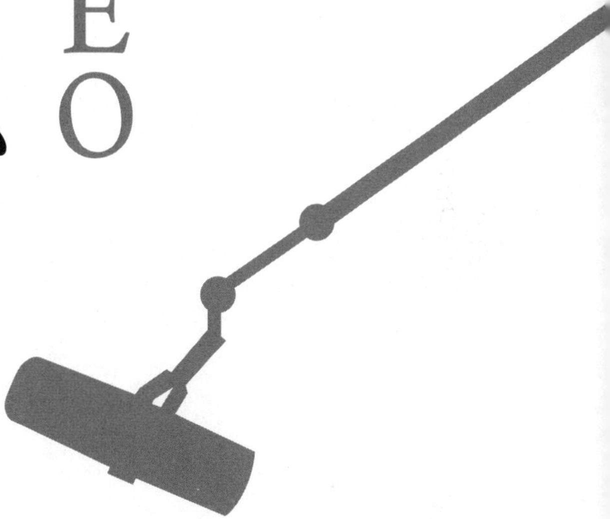

黃麗燕 Margaret 瑪格麗特——著

目錄

PART 1 誰該負責你的人生？

PART 2

如何讓好事發生？

PART 3

領導，從放下自己開始

PART 4

活出你獨一無二的超值人生

PART 5

品牌，是最好的圖利他人

推薦序

看似平凡人的超人

——老爺酒店集團執行長 **沈方正**

寬大衣服、簡單髮型、臉上總戴著一副無框眼鏡。

這就是從打字小妹做到外商CEO——Margaret的招牌穿著，如果你不跟她說話打交道，看起來完全是「人畜無害」的路人甲，但是如果你有機會與她交談，就會發現她機智、幽默、犀利的一面。甚至，如果你有機會跟她做朋友，你會發現她懂行銷、懂品牌、懂管理，這些歷練不但用來做生意、幫助客戶壯大公司，現在更進一步成立WAVE中小企業CEO品牌／領導學，幫助台灣中小企業走上國際品牌之路。

因為一份使命感，她四處演講，分享品牌與客戶之間的關係；她主持《請問CEO》Podcast節目，希望從不同行業的CEO身上，挖掘出更多含金量高的管理知能分享給大家；她錄製了〈品牌實戰學〉線上課程，幫助更多對品牌有興趣的企業與個人實現倍數成長。個頭那麼小、看起來那麼不起眼，但卻這麼有能量、這麼有使命感、這麼努力！

想想自己，真的太慚愧了。我得出一個小結論，如果大家能學學 Margaret 的行動力，平凡人也可以變超人。

此次，Margaret 出版的新書《請問 CEO，你可以有點人性嗎？》正是呼應了我內心對 Margaret 的喊話。之前，她的著作、演講、輔導，大多是在分享如何成為更棒的企業，如何成為一個更強大的自己，在激烈競爭的外商生存、奮鬥、茁壯……也就是著眼在「怎麼努力讓企業和自己做到最好」。但是在這本新書中，很大一部分是在說「怎麼努力讓他人做到最好」！如何在工作中改變自己、提醒主管如何讓組織成員變好……一個人的視野由自我轉向他人，其實是很大的轉變。

在此引用書中一段令我印象深刻的內容：

「黑白你說了算，就是為難了所有人，甚至不自覺站在不同觀點的人的對立面。能夠容納多少灰色的世界，就知道一個人的心有多大。」

是的，管理知能的提升，固然有追求卓越、促進效率的必要性，但是具備寬容多元、協助他人的初心，才是最高的領導藝術。恭賀《請問 CEO，你可以有點人性嗎？》這本新書的出版，也謝謝 Margaret 無私的分享。

推薦序

一切關乎己身，請從內在開始

——iKala 共同創辦人暨執行長 **程世嘉**

讀完瑪格麗特的這本新書《請問CEO，你可以有點人性嗎？》，心中充滿了救贖感——原來，我們每個人遇到的人生課題都一樣啊！

我創業至今已經滿十二個年頭，一路上高低起伏不斷，走過幽暗的低谷，路經小橋流水人家，也攀上凜冽的高峰。景色變化之快，常常等到回過神來，都有「我剛剛到底看了什麼」的這種反應。

人，總是在事過境遷之後，才開始會為過往的事件找到意義。這是一個人生不可少的修練過程，恐怕也是人類累積智慧唯一的方式。古老的諺語早已告訴我們：「不經一事、不長一智。」但多數時候，我們之所以原地空轉，沒有長智慧，是因為自己躊躇不前，或是因為自己反芻得不夠多。

簡單來說，多數時候都是自己把自己給困死了，與別人無關。這也是我所看到貫穿全書最重要的智慧：一切關乎己身，請從內在開始。

人人都有身不由己和痛苦的時候，你所遇到的磨難絕對不是天下唯一；不要老是因為社群媒體上光鮮亮麗的貼文，就以為每個人都過得比自己好，哀嘆自己是特別倒楣的那個人。實際上，家家有本難念的經，每個人的心中，都是有一大堆過不去的坎。那些老天眷顧的，真的是極少數的幸運兒。

所以最重要的，不是確保我們不會遇到倒楣事，那是不可能的！

重要的是，我們選擇怎麼去「回應」這些生命中讓我們痛苦的事情。痛苦的事人人都會遇到，但選擇回應的方式，會決定我們成為怎樣的人；人與人之間成長的速度與差異，其實也就在於此而已。

關於這一點，讀到〈為耗損的生命設停損點〉那一章時，我特別有感受。瑪格麗特的職涯中，也曾經遇到讓她想打人、想跟這些人玉石俱焚的事情。我相信我們每個人一定都遇過，這種事情實在太多了。

但是當你遇到這種事情時，接下來的反應就是關鍵了：你是要把生命耗費在銘記仇恨當中？還是趕快大步往前走，把握自己的人生？

所謂的設下「停損點」，其實不是饒過別人，而是放過自己，因為還有大好的未來在等著我們；被狗咬了，不必反咬回去，否則浪費時間而已。

對於CEO來說，書中的這些心法也完全適用。喔不，應該說「更為」適用。幾年前，我與瑪格麗特在一次Podcast節目訪談中，脫口而出「CEO是全世界最糟糕的職業」！那是我的肺腑之言。一般人都會覺得CEO是老闆，地位高，很威風吧。但這完全就是天大的誤會——CEO不是老闆，CEO是一個「老闆很多」的職業。

員工、董事會、投資人、客戶、政府、整個社會……全部都是CEO的老闆，一個都不能得罪，都要服侍得服服貼貼。更甚者，CEO也是唯一一個「沒有同儕」的職位，工作場域中累積再多的辛酸，都沒有同事可以傾訴，頂多回家找至親好友訴苦而已。

最後，公司所有的成敗CEO都要負最終責任，專案失敗了、重要的客戶跑了、員工喝水嗆到了……所有的根源都是CEO的「責無旁貸」。

身為業界知名的CEO，瑪格麗特在書中也大方分享自己的領導心法，這些

CEO視角彌足珍貴，因為多數時候CEO都是有苦難言，長期維持啞巴吃黃蓮的狀態。有些事情不能講得太明白，也不能對外談論太多，以免踩到紅線，或是不經意間影響到公司的發展。

如果你覺得自己的職涯是「修練場」，那麼CEO的職涯就是「修羅場」。在這本書裡，瑪格麗特把自己幾十年來從修羅場悟得的心法，以諸多小故事的方式述說出來了。

我相信所有讀者拿起這本書開始閱讀後，一定會對書中的小故事有共鳴。因為故事中的主角名字只要一換，就可以毫無違和的套用在我們每一天的生活當中。

這些故事，編織了我們的人生，也是我們一生的修練。

我最後引用瑪格麗特在書中的金句作為結尾：「人生很多事是問題，也是答案。」請你一定要讀讀這本書。

推薦序

品牌和領導力的交匯點，就是人

——Tory Burch 日本分公司前社長 **翁秉嫻**

我有榮幸受瑪格麗特的邀請，和她創辦的 WAVE 中小企業 CEO 品牌／領導學的學員們分享經驗，很驚喜的發現台灣有這麼多年輕而且充滿善的理想的中小企業家。

他們從事的產業非常廣泛，從傳統產業——例如養殖生產烏魚子，到電子業無塵室需要的高精密空氣過濾系統；從肉鋪到美妝保養品，還有一位帥哥還不到三十歲，就創立了古典工藝黃銅書寫工具品牌，希望喚醒數位時代的人們對於書寫的心靈之美。

在與這些 CEO 學員的交流中，我發現他們很重視環保和健康概念，在介紹自家產品的用心之處時，熱情洋溢、滔滔不絕，但在經營管理上也深受如何推廣知名度、建立差異化、開發新商機、吸引並挽留人才等難題所苦惱，而這也是全世界中小企業家面臨的共同課題。

在WAVE所舉辦的日本盛岡中小企業參訪團裡，我們找到了方向。

川上塗裝工業是一家只有十二人的中小型建築塗料公司，僅僅十二位員工，卻指定了一位同事擔任品牌經理，和另外四位同事在自身工作以外，每週都會討論如何在公司內外力行CEO的經營理念：用塗裝來打造城市，具體的任務是「建立一個讓孩子們能笑著的未來」。

他們發想出的實踐行動是，和一所小學的師生們一起為教室屋頂塗上隔熱塗料。這個行動的原意是回饋社會，卻意想不到的增加了品牌知名度和價值感，不但為川上帶來了新客戶，客戶也因為認可川上的品牌價值，所以也不太會殺價了，成功的以品牌價值替換了價格顧慮。

北良瓦斯是以提供人類生存必要的能源為宗旨，原先以提供熱能為主業。三一一日本大地震時，北良瓦斯進入災區協助提供熱能，發現乾淨的生活用水是受災居民非常需要的生存資源，因此與另一家淨水循環處理公司合作，開發出廁浴用水的循環淨水熱水器，最後甚至發展出了像家一樣溫暖方便的貨櫃屋，新的商機就此孕育而生。

北良CEO說，只要注意到人的需求，就知道要做什麼產品了。

瑪格麗特的新書《請問CEO，你可以有點人性嗎？》，也指出了品牌和領導力的交匯點就是「人」。從CEO的理念和價值觀出發，發展品牌故事，建立公司文化，吸引認同公司願景的人才，關注顧客的需求並感動顧客，說明了從領導力到品牌力，其實是一條一以貫之的道路。

真正的領導力來自利他，而品牌就是最好的圖利他人——這是瑪格麗特的理念，她也在書中以四十年功力傾囊相授、熱情無私的分享。相信無論CEO或任何職場人，都會在書裡找到為理想持續前行的力量。

推薦序

從廣告 CEO 到人生導師

——北美台灣科技年會主席 **謝凱婷（矽谷美味人妻）**

很榮幸能為瑪格麗特老師的新書《請問 CEO，你可以有點人性嗎？》寫序。老師是我人生中的貴人，也是我創業路上的導師。過去幾年，我有幸近距離觀察這位傳奇 CEO，並從中學習到許多寶貴的經驗。

我與老師的緣分從 AAMA 台北創業搖籃計畫開始，很幸運得到廣告女王的青睞，她擔任了我兩年的創業導師，也是我一生中最尊敬的長輩。老師是位風趣迷人、充滿智慧的領導者，我從她身上學到了許多寶貴的特質——包括專注、毅力、熱愛學習、守時和善於傾聽。

講幾個關於老師的小故事，因為感染力太強，都讓我覺得彷彿昨日才發生。

來談談「準時」這件事。她永遠比預定時間早到三十分鐘，每次當我準點到時，她已經氣定神閒的喝咖啡了。我問她為什麼明明行程滿檔，卻總是可以精妙的控制時間？她是這樣回答我的：「控制時間是領導者需要掌握的重要技能，因為你知道你哪時需要離開去下一場會議，自然就會有效率，並且提前做準備。這是作為一個成功CEO的基本技能。」

再談談「傾聽」這件事。每次的見面，永遠不是我聽她說，而是她聽我說。她總是微笑問我，「最近做了什麼計畫啊？」

我開始分享最近創業遇到的人事物，有開心的事，當然也有難過的事情，她會仔細的記下我所講述的重點，以優美整齊的字跡，一項項排列清楚。記得我們曾經把重點寫在便條紙、筆記本，甚至是餐巾紙上，老師會把寫下來的重點讓我帶回家，而直到現在我都小心翼翼的保留這些親筆真跡，因為這代表了一位老師對學生的用心，也是我會珍惜一輩子的寶貴之物。

我記得老師幾年前曾跌倒骨折，導致右手需要打上石膏至少半年，但她毫無喪志，反而激起用左手寫字的鬥志。很神奇的是，她居然也可以用左手把想法寫在衛生紙上……這些畫面讓我想忘也忘不了。

我發現成功的領導者還有個特質，就是「熱愛學習」，瑪格麗特當然也不例外。

每次看到老師，她都會塞給我一本書，除了自己學習，她也喜歡把正在讀的書送給別人。我記得有一次收到一本關於領導力的書，老師要我好好回家看，但又怕我沒時間，乾脆先幫我畫好重點。

還有一次，她見我心思、意念很煩亂，事情多得像一團雜亂的毛線球，乾脆送了我一本關於種植南瓜的書。她說，「南瓜要長得好，就是要專注在培育最大顆的南瓜，去蕪存菁！」專注在最值得專注的事情上，一次只要專注做好一件事，這也是在我人生中很受用的觀念。

講了很多瑪格麗特老師的小故事，就是想要分享這位永遠笑咪咪，個子嬌小但藏著巨大能量的CEO。她善於傾聽並熱愛學習，喜歡隨手記錄每一個人精彩話語的習慣，也讓她在《請問CEO》這個很受歡迎的Podcast節目裡，發揮極致的精彩，並展現她在企業界的驚人人脈，每一集都是叱吒風雲的大人物。

再次由衷感謝瑪格麗特老師的教導，也誠摯推薦老師的新書，這是一定要收藏、且一讀再讀的書本與人生智慧。

「人最怕是在睡夢中被吵醒，所以古希臘人把蘇格拉底處死，然後繼續呼呼大睡。」讀Margaret新作初稿時，我想起年前讀書時抄下的這句筆記。

二千多年前的蘇格拉底，以「開放式提問」和「辯證式對話」探索真理，希望喚醒當代希臘人的高尚情操。Margaret在這本新作中，也記錄下她與同事、客戶、朋友的交談片段。以「傾聽」和「提問」反思關於人性的掙扎與困惑。

Margaret於我亦師亦友，閱讀此書，感覺猶如與她在酒館小酌輕談。她已過了耳順之年，個性依舊直率；她這幾年的經歷，使她對生命的本質有更深刻的理解，反映在她的文字上又添了不少溫度。

Margaret深信品牌的力量，也是打造品牌高手中的高手。讀完此書，我想她希望每一位讀者都可以從中得到啟發、覺醒的生活。人生，是永不止息的修練場，為每一個人提供不同的機會與挑戰，只要勇於負責，真誠待己待人，終生學習，我們就是自我人生的CEO，在有涯的生命中留下有意義的個人品牌印記。

——帝亞吉歐前大中華區董事總經理 **朱鎮豪**

這是一本有即視感，且同時引人深思的必推好書。

Margret 長期擔任跨國企業 CEO，同時也參與許多知名品牌的建立與成長。除此之外，她也透過與各企業高層的共事與對話交流，累積了從策略、領導、品牌管理、行銷等，獨到且深層的見解。而在這本書中，她以富有即視感的親身經歷，言近旨遠呈現出多年累積的心得結晶。

管理，歸根結底是「人」和「事」的管理，而事又是由人所完成的！因此經營管理必須以「人」為本，以「人性」為出發。這個理念不但和 Škoda 的品牌文化：「Human Touch」的精神不謀而合，更是身處在當今競爭激烈的商場、職場中的你，所必備的內功心法。

相信這本書絕對會是讓人腦波迴盪、咀嚼再三的必讀之作。

——Škoda Taiwan 總裁 **李御林**

CEO有人性嗎？

我看到書名後大笑，「沒人性」可能就是很多人對CEO的印象吧。

同樣身為外商CEO，我對本書的感觸特別深。CEO是一間公司裡最有權，也同時是該負起所有責任的人，而管理的事物，其實都跟「人」相關。弔詭的是，CEO得以「人」為出發點，隨時為「人」思考，但卻不能讓自己感性與情緒化，更不能輕易展現脆弱。這其實是非常違反人性的一件事，但卻是身為領導者必須磨練的功課。

作為CEO，壓力在所難免。我很喜歡書裡提到的，「挑戰帶來不安全感，其實讓人更安全。因為那讓人五感全開，有強烈的戰鬥能量。」我更同意瑪格麗特對人才的想法，「每個人都是人才，端看放在哪裡！」

這本書提到管理的難處與課題，充滿酸甜苦辣的案例更值得參考，真心推薦給所有職場人，願各位都能成為自己人生的最佳CEO。

——JINS台灣總經理 **邱明琪**

面對快速變動的市場競爭、跨世代的組織溝通斷層，作者瑪格麗特以獨特細膩的視角，將其有如打怪一般的職涯歷練，用幽默生動且直球對決的筆觸，針針見血點出現實的殘酷，告訴每一位讀者在職場拚搏時，也要學會及時自我解惑、解放、解鎖與解決。

瑪格麗特犀利的觀點像是當頭棒喝，打通任督二脈；流暢的文字也像是股緩緩的暖流，湧向大海的川河。書中所提到的「絕望中的渴望」，特別讓我心有所感。沒有傘的孩子，在雨中要跑得特別快！每個人都是自己人生的雕刻師，唯有自我負責，從絕望中找到渴望與目標，才能轉化為前進的動力。這對於尋求職涯突破，或是對人生感到迷惘的讀者來說，無疑是最具啟發的心靈指南。

《請問 CEO，你可以有點人性嗎？》有別於硬邦邦的管理教科書，不僅是職場思維的饗宴，更是一部關於人生成長的智慧雞湯。如果您渴望成為更好的自己、更好的領導者，相信您一定可以在此書中找到淬鍊心智與成就自我價值的力量，讓自己活成一道光！

——遠東巨城購物中心董事長　**李靜芳**

看到書名《請問CEO，你可以有點人性嗎？》，我還以為這是專門寫給CEO看的書。當翻開第一頁，看到「你，就是自己人生的負責人」這個標題，才知道原來這是一本寫給所有職場工作者的寶典。

我是一個獸醫，沒學過太多經營管理，也沒有做品牌的專業知識，但因為想建立一間更好的企業，以及讓「鮮乳坊」這個品牌能夠有自己的態度，就像瑪格麗特老師形容的，每天都在許多的自我懷疑中前進。

書裡一篇篇小故事，就是我每天經營公司當中的真實場景，包括無數次對自己的靈魂拷問，還有那些無法在當下想清楚的兩難……瑪格麗特老師在新書中寫下：

「品牌的起點，就是你存在的出發點。」

什麼是品牌？如果品牌是一個人，就是這個人的價值觀、想法、態度、做事情的方式，簡單來說，要學習的就是如何做「人」，這也是面對那些困難決策的重要基礎。在複雜多變的商業環境當中，這句話就像是一個燈塔，幫助創業者在低頭解決混亂問題時，只要一抬起頭，就可以重新提醒自己應該怎麼看待事情，而那些不確定的選擇，似乎也就變得簡單了。

我特別喜歡書中加拿大緊急救難顧問中心的故事，組織領導人說，「我們不是一個緊急救難顧問中心，而是一個產生無數英雄的地方。」是的，就算多數時間要面對一個很無趣且重複性的工作，但我們還是可以成為那個改變工作的力量。拿回人生的主導權，成為你自己人生的CEO，讓人生活得更像你想要的樣子！

——鮮乳坊創辦人 **龔建嘉**

從所向無敵的小鋼炮、為客戶品牌使命必達的「內傷CEO」，到充滿智慧與同理心的「品牌導師」——Margaret總是在伸手摘星後，用她獨特的洞察力，為我們迎來可眺望的彩虹。在飛往紐約的天空上，我閱讀Margaret對品牌與領導的深情故事，內心澎湃、充滿力量。

《請問CEO，你可以有點人性嗎？》這本書是愛與智慧的領導力結晶，偉大的領導者不是用自己的力量控制一切，而是激發每個人的潛能；一位有人性的

CEO，不僅是一種技巧，更是一種心靈轉變，是將焦點從自我轉向他人，讓團隊在共同目標下展翅高飛。

每個人都是品牌，每個人也都是自己人生的負責人。Margaret 以過去幾十年累積的人生筆記，透過她在工作和人生上的心路蛻變歷程，帶領我們走上一段充滿勇氣、真實且富生命力的英雄之旅。勇敢的面對痛點，才能找到快樂的真諦。相信你會在這段閱讀的旅程中，找到屬於自己的領導之道，成就一個更好的自己。

——蓋洛普優勢觀點學院執行長 **陳薇雅**

瑪格麗特以她直率不做作的風格，在上一本作品《外商 CEO 內傷的每一天》中贏得廣大讀者的喜愛與好評。這種勇於表達真我、毫不掩飾的文字，讓讀者感受到她的真誠和勇氣，同時也展現了對於個人與企業成長之間平衡的認知。

《請問 CEO，你可以有點人性嗎？》在延續瑪格麗特直率風格的基礎上，更進一步探討了企業領導人在商業決策中的人性價值。不僅帶來前所未有的商業世界觀，也持續探索管理與人性之間微妙的關係。相信這本新書將再次贏得讀者的喜愛，並為商業界注入更多人性和真誠的力量。

——台灣必勝客總經理 **梁家俊**

第一次認識瑪格麗特是在一場晚宴中，我們一起聊到對台灣新一代青年創業家的期待與盼望！想不到，幾年後，就看到這本書的出版。瑪格麗特的行動力和說故事的能力，一直是我相當佩服的，在這本書裡讀者看到的很多故事，就如同瑪格麗特在你面前，充滿熱誠的告訴你一樣！每個小故事也都充滿哲理，讀完令人回味。

每個人都是自己的負責人，我們做出的決定，也形塑了我們成為什麼樣的領導人！你的行為，也成就了「你」這個品牌。瑪格麗特是我的朋友中最懂品牌的人之一，我相信每位朋友在看完這本書後，對於「自己」這個品牌，一定會感受更深！

——旭榮集團執行董事／識富天使會聯合創始人 **黃冠華**

獻書

僅以此書獻給今生最疼愛我的人——我的母親，
她讓我一生無虞！暢飲自她廣深的愛之洋，
無邊無際的愛是我對人性最深的體會。

請問CEO，你可以有點人性嗎？

「Noted, next page.」歐洲老闆說了句。

我楞了一下，心一沉，暗自嘶吼：「你可以有一點人性嗎？」

財務長看著我，我思考了一下，點了點頭。她按下了下一頁，我繼續將次年計畫報告完……那是二〇一六年末，台灣即將通過「一例一休」政策之際。

讓台灣勞工全面落實週休二日，政策立意良好，但對我們創意公司而言，一年約略會增加近千萬的成本。進行年度報告時，已經完成了對主要客戶次年的報價，因此這個政策增加的成本無法被吸收，而且當時市場狀況低迷，很難回頭要求客戶補貼預算；就算想要創造新業績、服務新客戶，也需要多增加人力，但這又是總部不允許的。因為總部從全球的觀點來看，無法確保收入增加時，先實施人力凍結

（Headcount Freeze），才能確保對獲利的掌控。

在準備報告次年營運計畫時，我和財務長、業務長做了好幾個情境模擬，也準備了數據和資訊的完整說帖，也因此當我們飛到印度向歐洲老闆報告台灣情況時，原以為會有一番長長的討論，沒想到才剛說完這項新政策，老闆就說，「知道了，談下一個議題。」意思就是說，不管台灣的狀況是什麼，最終的數字你還是要達到！

連表面的討論一下狀況都不做了，一股氣梗在心頭，晚上再好的大餐也食之無味，老闆笑盈盈的敬酒，自己也只能吞下那苦酒。

工作面對的是「人」

身為一個區域的最高領導人，我從來沒有想過要規避責任，但在承擔責任的同時，我也期待公司能有一些彈性及支持，讓我能夠面對挑戰，克服一些沒有想過的困難。然而，對於我們這個有人才能有辦法提供服務、創造生意的行業而言，長期的人事凍結，實在是很難無中生有。

更且，讓現有員工無止境的去承擔過多的工作，短期對員工不健康，長期而言對客戶也不健康，更不要去談業績和獲利的成長。

在工作上每一個位子都要面對評估自己表現的人，這些評估者有些是部門經理，有些是總經理，有些是CEO。就算是CEO，也要面對區域CEO或董事會；就算是企業老闆，也有合夥人或股東要面對。不管位置多高，面對的統統都是「人」；只要是人，都會想要趨吉避凶、離苦得樂。

很多時候他們不是不懂，也不是不想聽，只是心裡有數，在聽的時候「猴子」就會丟過來，或者聽得愈多，產生了同情，就成了對自己的殘忍——因為包容了屬下或團隊的問題，這問題就會變成是他的問題。

既然我心裡這麼清楚，為什麼還會在內心嘶吼：「你可以有點人性嗎？」

先別說老闆要管的國家這麼多，更別說老闆是歐洲人，跟我非親非故，兩個人也沒什麼私人交情，哪來的同情？其實再仔細思考，市場千變萬化，企業在努力求生存與成長的同時，不太可能求取一個「人性的結果」，而我想要的無非是一個「人性的表達」，或是「人性的對待」吧。

發揮人性「善」的一面

晚宴時，老闆特別走過來，笑盈盈的跟我敬酒。看我臭著一張臉，他還特別跟我介紹了酒的背景，叫我多喝兩杯。看我大口喝乾，跟我說了讓我覺得有點人性的話：「我要聽報告的國家太多，有兩種狀況我會用最短的時間結束，一個是我已經不寄予希望的國家，另外一個是我不需要擔心的國家。」

他笑笑的對我說：「You are the best one.」

這番話聽了雖然覺得「可口」，但仔細想想，心中的不舒服感並沒有因此消失。每個領導人都有他個人的領導風格，過去適用的並不見得適合於未來，尤其現在的年輕世代和我們這一個世代已經非常、非常的不一樣了；與年輕世代溝通，都先不談對結果的期待，因為那是見仁見智；但在過程中肯定要有人性，一個不受肯定、不受尊重的人是很難有優異表現的，更不要說持續成長了。

每個人都有他的人性，人性有善有惡，但我們每次提到希望別人有點「人性」，其實都是希望他們能夠發揮善的那一面，或者把惡的那一面降到最低。身邊的人所言所行，不是讓我們看見自己，就是來成就我們。現在回想起來，在印度進行年度計畫會報的那一堂課，讓我透過自身的被對待，懂得了那麼一點點的人性，也開啟了自己對「人」更深層的觀察。

人性之善：溫暖、真誠、寬厚、肯定與尊重

品牌和領導交叉之處，其實就是「人」。沒有人，企業不會存在；沒有人，也不需要領導；也因此**對人性的了解，決定了領導的溫度和品牌的深度**。

這也是我為什麼要出這本書的起心動念，工作了四十多年，以協助企業建立品牌為核心，同時扮演著領導與員工的角色，透過我自己也常常認為不被有人性的對待，不斷的去學習，去了解同仁真正的需求，期待能讓同仁也擁有像我一樣的「幸運」，而且是被有人性的對待。

現在企業的老闆或CEO真的很難為，霧卡（VUCA：不穩定性

Volatility、不確定Uncertain、複雜Complex、模糊Ambiguous）時代的市場環境下，業績很難成長，獲利更為艱難，領導人還要面對好幾個不同世代在同一家公司，大家的價值觀都不一樣，也不會有任何人會想要去懂老闆的為難，因為各有各的煩，各有各的難。

ＡＩ飛躍演化，現在科技進步的速度已超過多數人類可以吸收的程度，再加上人力卻又極度缺乏的情況下，世界的變化在數量與頻率上，已經完全超乎我們的想像。因此，或許我們可以盡量將焦點放在那個「不變」上——也就是人性。

只有透過人性善的那一面：溫暖、真誠、寬厚、肯定與尊重，才有可能建立起清楚、具體、具有正能量的價值觀。透過價值觀形成的文化，才能夠將所有的員工緊緊的凝聚在一起，並且發揮他們最大的潛能，這就是人性最可貴的部分，也是建立品牌最重要的核心。

最後，衷心希望這本書能讓公司上下相互了解彼此的立場與觀點。沒有好壞對錯，只是視野不同，能夠因此更融合，激發出人性最美的那一面；進而建立信任，共創、共生、共榮，讓台灣成為地表上一股強大、堅定向上的正能量。

當你把責任推給別人的時候
你的人生就再也不是你的人生了！

PART

1

誰該負責你的人生？

01

你，就是自己人生的負責人

「為什麼都沒有人告訴我？為什麼都沒有人跟我說？」一位同事在我面前聲淚俱下。

「他們要跟妳說什麼？」我看著她，不解的問。

「他們要跟我說我哪裡不好啊？！都沒有人跟我說，我哪裡知道有問題呢？」

她含著淚回答。

「那妳最近半年上班輕鬆嗎？」我繼續問。

「很輕鬆啊！都沒有什麼事做。」她回答得理所當然。

「那上班都沒有事做，妳薪水那麼高，妳不會害怕嗎？」我再追問。

「我也覺得奇怪，可是老闆沒有給我事做，能怎麼辦呢？」她瞪大眼睛說。

「妳有沒有聽出問題來，這就是問題了！」於是，我告訴她一個從大客戶口裡說出的故事。

你的生命去哪裡了？

有一次我去一個大客戶那裡，大家在聊天的過程中，他說：「我們家那個媒體公司真有趣！我幾個月不發工作給他們，結果他們也沒什麼知覺或反應，我乾脆就把預算都挪出去到活動上了。」

過了半年，媒體公司才跑來詢問：「客戶、客戶，為什麼你們現在都沒有媒體預算了？」

客戶說：「有啊，我都把預算放在活動上了，你們都沒看到嗎？」

「喔，我們都沒注意到耶！」那位大客戶對著我邊說、邊笑、邊搖頭。

「那家媒體公司真的太有趣了！客戶的需求不注意，只注意自己突然沒預算。一樣的，妳自己那麼久都沒事做，然後妳拿這麼高薪，妳不害怕嗎？就算妳不會害怕，妳不會去主動找些事來做嗎？」聽完這個職場故事，她兩隻眼睛瞪得大大的看著我……其實，我的重點並不是你拿了錢卻沒做事，而是在你那段沒做事的上班時間裡，你的生命去哪裡了？

難道你覺得「卯死了」，不但輕鬆不累，還賺了很多薪水，然後自己還安慰自己不是你不做事，而是沒人派事給你，那這半年對你來說的意義是什麼？空白！人家在成長的時候，你的生命成了空白，然後你最後的結論竟然是：「為什麼他們都不告訴我？」

當然，也有些人會覺得沒關係，這個客戶不做，再做別的客戶就好。但是今天一個客戶不要你，你不去弄清楚為什麼，那總有一天，你在別的客戶那裡，也會摔同樣的跤，你在同一個地方不斷的摔跤，然後呢？最後你要拿你自己怎麼辦呢？不是怨客戶、怨公司，就是怨自己運氣不好，最後就只能哀怨的告訴自己跟所有人：「這就是我今生的命啊！」

對自己的生命「當責」

永遠記得一件事：

這世界上**沒有一個人有責任應該對你負責，唯一要對你負責的，是你自己**。

如果連你自己都不關心自己的狀況，別人為什麼要關心你，別人有什麼「責任」要來告訴你？

你的老闆有責任嗎？當然有，但你的老闆可能很忙，你的老闆可能關心不到你，你的老闆可能有更多、更重要的事要做……的確，沒有為你的工作狀況負責，那是他在你這邊失職，但最後是誰受害呢？

你的同仁有責任嗎？誰要去做那個幫貓掛鈴噹的人呢？客戶有必要嗎？不用啊！他只要跟代理商講一下，對不起，這個人我明天開始不要見了，這樣就好了。就算你周圍所有的人都對不起你，都應該為你負責好了，但最後的苦還是你自己要承受啊！

早早長大，早些明白**只要和自己有關的事，都是自己的責任**，會少吃很多苦。你要掌握自己的命運，讓你成為自己人生的負責人，積極的讓自己每一天都是充實並快樂的成長著，這就是你對自己生命的「當責」。

02

別騙自己了，沒有「身不由己」這件事！

那天跟一個老闆在聊天，他跟我說，「瑪格麗特，妳知道嗎？我是人在江湖，身不由己啊！」他看著我，應該是希望我能認同他講的話吧？

我看著他，笑一笑說：「陳總啊！歹勢啊！我覺得也沒有人在江湖，身不由己這件事，很多時候只是看你自己的心啦！**是你身不由己，還是你不從己心？**」聽完我的話，他看起來有點困惑。

我們有時候說一些話，其實是安慰自己的，尤其是在講「人在江湖，身不由己」時……我自己年輕時也跟人講過這句話，可是那天回去寫日記時，我就跟自己講，不要再騙自己了！根本就沒有「身不由己」這件事，只有你心裡怎麼想這件事，如果你真的不想做，你就可以不做啊！

只是你可能會認為在那段時間，「錢」比較重要；在那段時間，「面子」比較重要；在那段時間，「某件事」比較重要，所以最終做了一個從你自己的角度來看，應該或不應該先做的事，這樣的心態我完全可以理解啊。

但是，最終你要知道，你所做的最後決定，其實還是你自己做的選擇，而不是因為人家強迫你。所以不要再跟自己說，「人在江湖，身不由己。」沒有，你的身體永遠是跟著你的心；你的行為，也都是你自己做的選擇。

你的選擇有優先順序

在台灣，我們是有自由選擇意志的。當你今天在講「人在江湖，身不由己」的時候，其實你的意思是，不是你沒有選擇，而是你「想把責任推給別人」，推給這個社會、推給這個大環境、推給原生家庭、推給主管。

你不想去承擔這個責任，所以你說：「I have no choice.」（我沒有選擇），但你心裡有數，你是有 choice 的，只是你的選擇，有你自己的優先順序，而這個優先順序其實是要看你的價值觀，以及你設定的人生目標。

曾經有一次，老闆要我開除一個人，我在心裡猶豫了很久。最後，我去做了那件事。別人罵我說，瑪格麗特是劊子手！那時候很年輕，其實那些話傷我的心很深。但是，就算我在「砍」那個人時，我都沒跟那個人說，其實是老闆叫我砍你的，而是從我的角度跟他講，我覺得他不合適。

在那個節骨眼，做出選擇的是我。雖然開除那人的決定是老闆下的，但執行的是我，而那個執行是在我的同意下進行的，所以要負責任的也是我。

請那位同事離開的時候，我跟他說，「做決定的是我，不用去怪別人，但要請你去想，我請你離開有沒有道理？如果沒有道理，你下次找一個比較有道理的老闆，找一個比較合你的道理的公司，或者合你道理的老闆……」我不想把責任推給別人，所以也不想去談什麼身不由己的這種事，因為不管上面講什麼，只要**最終執行的是我，就表示是我自己在下決策**。

如果你覺得，決策不是你下的，你只是一個執行的人，那你是不是把自己推向以前德國所說的：「沒有，殺人的不是我！是希特勒殺的，我只是執行他的政策而已。」這樣不合道理，你也不適合做管理，更不要說未來如何去做一個領導者了。

相信自己有自由行為能力

你一定要先說服你自己，相信你自己是有自由行為能力的。

每一個行為，每一個決定，不管是誰跟你說的，只要是你做的，扛責任的也必須要是你，永遠不要推給別人。因為**當你把責任推給別人的時候，你的人生就再也不是你的人生了！**

如果你的人生，成了別人幫你規劃出來的人生，最終這人一筆、那人一畫，就由得別人一筆一畫勾勒出你的人生。在臨終前那一刻，你一定會有千萬個後悔和遺憾，甚至可能會告訴自己：「唉，這輩子過的並不是我要的人生。」

如此一來，你不是白來一趟人世間了嗎？多可惜！

為自己的選擇負責，不要讓你終此一生，最後只剩下一聲「嘆息」。

03

找不到目標，那就找出你的絕望

「老師，我真的不知道我要什麼，我也不知道我的夢想是什麼？！」一個做了十年多總經理的學員，滿臉哀傷的看著我說。

「這幾年我真的有想過，到WAVE上課後我想了更多，可是每次問自己，心裡面就一片茫然，我不知道我要什麼？我真的有想。老師妳相信我！我想得很用力，可是就想不出來。」沒等我回答，她忙不迭的往下講，急著證明自己真的有想。

我心一沉，相信在工作過程中，她一定積累了很多無法與外人道的自我質疑。我也很清楚，無論在什麼位置，都會面臨「活到懷疑人生」的時刻。

「Carol，妳坐在這個位子這麼多年來，一定有許多辛苦、沮喪、哀傷，甚至也絕望過，但也應該有一些成就，才能繼續坐在這個位子上吧？妳說妳想了許久，就是想不出來，我覺得原因可能不外乎兩點吧！」希望聽完後，她能明白我的用心。

容易放過自己，又不敢要

第一，你太容易放過自己。

因為常放過自己，所以你會覺得很 guilty（有愧疚感），然後又會回來為難自己。於是，**在「放過自己」跟「為難自己」之間，你的生命不斷的流失**。最後你又會說，這幾十年我真的想過了。

是啊！你真的有想，但也只是「想」過啊。你一下子把自己逼死，一下子又放過自己，想也想過了，痛苦也受了，但就是沒有結果啊！

第二，你不敢要。

很多時候我們不敢作夢，是因為怕夢太大，做不到會讓自己更傷心，更無法面對自己。但如果你真的就只想要「這樣過了一生」，你不會來上這個課程。WAVE課程不是個來交朋友的課程，是要回到自己最深層的內心，找到你內心想要的東西。

你不知道自己要什麼，那總有絕望過吧？

記得我在三十歲左右，自掏腰包去歐洲進行一趟學習之旅。

我計畫花八萬塊（包括機票跟住宿），在歐洲待三個月，所以我的花費很省、很省，早上都在房東家吃飯，盡量吃很飽，下完課就回來吃晚餐，午飯是不吃的！

透過絕望，找出最深層的渴望

有一天我走了一個多小時，又渴又累，途中看到一家冰淇淋店，我在那家冰淇淋店的櫥窗前站了很久、很久，那是我這輩子永遠忘不了的一幕。

當時我口袋裡是有錢的，但我捨不得花，因為我不知道存款還可以用多久，所以不敢去花那幾塊英鎊。直到現在，我都還記得自己在櫥窗前來來回回看著冰淇淋的那一幕，最終我並沒有買，但我跟自己說，「我一輩子都不要再為錢煩惱。」

從此以後，我開始拚命的賺錢。

過了九年，我到香港工作，賺了很多錢，可是我不開心到無法入眠。終於有一天我告訴我自己，「這個錢我不要了！我想要做自己可以貢獻價值的事。」

所以**在尋找夢想或渴望的過程中，不要急，但一定要跟自己對話**。找到之後不論是什麼，不要批判，就開始做。所有的事情最重要的都只有一個——先開始。沒有開始就沒有行動，沒有行動就不會有任何的結果。

你不知道你要什麼，你沒有任何的渴望；沒問題，那就去找出你的絕望！

什麼事情讓你這麼的絕望？什麼事情讓你什麼都不要？什麼事情讓你覺得人生就只不過是如此？**透過絕望，去找出你最深層的渴望**。那個渴望可能不是永遠的，那也沒關係，透過一時的渴望，你會不斷的往更深一層去發掘，最終找到你人生的使命。

如果今天都已經做到總經理、執行長這個位子了，身上背負了多少人、公司，以及社會對你的期待？你沒有資格說不想前進，只想停在這！

停滯，不只是被別人跨越而已，你也在浪費所有願意跟著你的人的生命，甚至引發他們更多的負面能量，形成一個沒有出口的向下循環，這不是造孽嗎？相反的，若能透過你的夢想，啟動你周圍所有人的正面循環，讓公司、社會、台灣與地球因此而更好，單單想到這個，就足夠讓人想唱〈感恩的心〉了！

04

大步超前，卻忘了部署

「老闆，我想到一個好點子，我們可以做一個新的生意模式……」眼前這位副總眼睛發著光，興奮的問說，「老闆，你覺得呢？」

「嗯，這想法不錯。Jimmy，那這個想法何時可以實現？」我看著他。

「這個我再來想。」他的笑容變得有點僵。

「我記得你去年好像也講另一個點子，後來好像就不了了之了。」我又問。

「沒辦法，我底下沒有人啊，沒有人怎麼做呢？」他很無奈的回答道。

「Jimmy，你講得太好了！」我拍了拍他的肩膀。沒錯，就算有很多好點子，但是沒有人執行，就是沒有辦法做出來啊。

在高階主管中，Jimmy 有遠見，總是能看到三步、五步以外的東西，他的思想超前，卻始終沒有行動去部署，最後好點子統統都是在別人手中做出來的，那不是很可惜嗎？

「Jimmy，你應該把你的優點發揮到極致，就是你的超前看法，然後想辦法建立一個團隊，讓每一步都有人幫你落地。」我真誠的建議。

「有啊，這兩年我建了團隊，有 Charles、Carol，還有……」他迅速回應。

「那很好，那誰可以領導這個專案？把你這個概念轉換成可以落地的行動方針，並且執行出來？」我持續追問。

「可能還是要我自己來吧，他們還需要一些時間培養。」他的語氣猶疑。

「可以從外面找資深的人啊！」我直接回答。

「但資深的人很難帶……」他回答得有氣無力的。

點子放在腦袋裡，就是庫存

Jimmy 的情況就像你在空中畫了一個花園，花園很美，但總要有人先鋪土，鋪完土再一株一株的把花種下，才能落地生根。一株、一株、再一株……慢慢的，這座花園才會真的可以實現。否則就算你提前了三步，五步，然後呢？

總是看得很前面，但最終你會發現，**點子放在腦袋裡面沒實現，不會讓你更聰明**，反而會讓你的腦袋變慢，因為點子都變成了庫存，佔據了你腦袋的空間，讓你的思考可用空間變小。

競爭者不是笨蛋。就算想得比你慢，只要做得比你快，肯定是他們贏。所以，千萬不要讓你的點子變成庫存，到最後「金條滿滿是，要拿沒半條」（台語）。

有了點子之後，要開始去建構你的團隊，但也不能只帶資淺的人，而是必須要開始去吸引那些願意跟你合作的資深人才，才能讓你的好點子在市場上變現。如果只能帶資淺的團隊，無法帶領資深人員或和資深人員共事，在這個競爭激烈的環境下，是很難拚搏的。若要自己培養團隊也ＯＫ。如何有目標、有步驟，快速的讓團隊取代你的某些功能，讓他們站上舞台，有信心接手你比較弱或不喜歡的部分，才是培養團隊的首要目標。

把點子拆解成行動，讓團隊落地實現

市場是不會等你的，機會也是稍縱即逝。所以在商業世界中，「速度」就是一項競爭優勢。你的速度一定是透過你所建構的團隊，而團隊不可能只有一種人。當團隊裡都是初階的人是很危險的，因為到最後，你會覺得工作得很疲累，因為你不但要經營他們對你的崇拜，還要去補足這中間的能力落差，說白了就是你要自己跳下來做。當你自己跳下來執行的時候，就會浪費掉你那些本來可以超前的、旁人不及的才華、想法、獨特性、遠見……當你沒有辦法以最快的速度、最短的時間去實現，到最終發覺，咦？不好意思，好點子別人先做了。

就算人家沒有你提出的點子那麼漂亮，至少也做出了一朵花來。

「把握你自己的獨特才華。**不苛求自己，但一定要要求自己**，要求自己去建構一個資深人員願意跟著你，把你的花園落地生根的團隊。」我真心的對 Jimmy 說，當你懂得把點子拆解成行動方針，讓團隊去幫你落地實現；只要每顆種子的根紮得夠深，最終夠廣的時候，你的世界肯定會大到世界都看見。

別讓夢想大到無法拆解

我二十歲時，一個月薪水是六千五百元，那時候想著，如果我三十歲，能夠有一百萬元的存款，我會興奮死。等發覺快存到一百萬的時候，我又對自己有了新的期待。

後來，這個期待就變成擁有一間房、帶領公司成為大中華區第一、然後又變成要幫助年輕人走向世界……在每一步前進的過程中，我發現逐步達成的喜悅，然後在逐步達成之後，又為自己設定更大的目標。因為你知道，你再也不是從前的那個人，你可以成為以前不曾想過的那個更好的自己。

所以，千萬不要讓夢想變小，但也不要讓夢想因為一下子太大，沒有辦法去拆解成一個個小步驟，而被遺忘、捨棄，反而浪費了那個可以很有意義的夢想，最後讓點子在腦子中變成庫存。

「唉呀，那個（產品、服務、計畫……）我以前也想過，只是那時太忙……」

下次當你再聽見這句話時，請記得，永遠不要讓你的超前思考，死在沒有部署上。

05

完美，只存在於想像

「我的問題是我有太多的夢想，太多的夢想等著我去實現，就是時間太少，很多想過的生意模式，市場先機都被人搶先一步，但他們也做得不怎麼樣。唉，可惜了。」看著同事好像是在發表競選宣言，我噗哧一笑，吞了口水再慢慢的回應他。

「Richard啊，你不是有太多的夢想，你是有太多的胡思亂想。人家是『夢想』，作夢都在想如何實現，你是在『做夢』，做完了就結束了。所有的夢想如果沒有實現，那就是幻想，那就是做白日夢。你天天就只會想，看起來好像是有好多的夢想，可是到最後呢？就只是想，想完就跟人說說，說完就過了，好像它已經實現了。」我說。

「可是如果想法不夠完美，做出來也是空的啊！」Richard 不服氣的說。

「想法要完美才做，多半都是藉口，**真正的完美只存在於想像**。真正的夢想是你盯著它，就像北極星一樣，你知道那件事情是你最想要的，你知道那件事情是一定要實現的；你盯著那個點，那個夢想的那個點，然後一直放在心上，每一天用行動去實踐它，一步一步的往它那個方向走，一步一步的實踐它，然後有一天你會發現，哇，竟然到了耶，沒想到我的夢想竟然實現了！」我看著他說。

沒實現都是白日夢，沒行動都是幻想

你天天都在想，覺得自己有好多夢，沒實現都是白日夢；你覺得你天天都在想，沒行動都是幻想。但如果有一天你覺得有一件事情，窮盡你一生，不管要費多大的努力，不管要翻越多少的山頭，跨越多少的困難，都一定要實踐它的時候，你就知道，那真的是你的夢想。而且你也知道，那是你一定會實踐並且讓它發生的，那麼你就會真的知道你的夢想是什麼。

我在《像火箭科學家一樣的思考》這本書裡讀到一句話：**眼睛冒出星星的做**

夢著，並不一定是最後能完成事情的人。特斯拉是歷史上最偉大的發明家，身上有三百多項專利，卻只能在一家飯店裡身無分文的死去。實在太可惜，這些美好的才華沒有實現去利益眾人。

邊做邊修，愈做愈好

這世界不複雜，就是「邊做邊修，愈做愈好」。不做、不行動，你根本無法知道哪裡不夠好或不實際。

就像我以前也沒想過自己可以寫專欄，但想到藉由專欄可以讓我幫助年輕人，幫助台灣中小企業建立品牌打世界盃，我就還是逼著自己面對。每次寫專欄時，我的頭髮都快拔光了，但每次寫完都還是請同事再給我建議，到現在竟然已經可以出書了。賣得好不好是其次，重點是我透過書寫更了解自己，也發現與同仁、客戶的互動可加強的地方，以及對品牌上更深入的了解與運用。

記住，會把它實踐的，是你的夢想；只是放在嘴巴說的，那叫幻想；你天天說給別人聽的，那是胡思亂想，永遠不要讓你的夢想發散成胡思亂想。如果你真的有很多夢想，那麼請你把這些夢想依照重要性排出優先順序，**先專注最重要的，每天都有行動**，一步一步的往前進，才會真的讓夢想實現。

去年醫生要我一天至少拉筋五分鐘，一開始我做十秒就快崩潰了，但我告訴自己這次一定要實現對身體的承諾，我就從一次十秒開始，五天後已經可以到三十秒，持續二十天後，變成一分鐘了，然後再持續二十天……現在還不到半年，我已經可以拉到八分鐘，每次做完都幫自己拍拍手，寫日記時更是感恩不已。

不要只花時間在說、在想，三、五年內讓一個夢想實踐，那麼你就會是一個讓眼睛冒出星星，並能讓星星出現在天空大放光明的人。從今天起：

讓你的每一句話都能說到做到，

讓每個想法都帶著行動，

讓你的才華在世間造福更多人並閃閃發光。

06

世界的顏色很繽紛

「你覺得你最大的問題是什麼？」還帶了一點稚氣的年輕協理，很快的回答我說：「就是黑白分明嘛！對就是對，錯就是錯，沒有模糊空間。」

他講得很驕傲，我覺得很有趣，恍如看到過去小三十歲的自己，如果時間可以重來，我真希望有人可以揍我、打醒我，因為在這樣一個黑白的世界裡，我摔過太多次跤了。

受傷也就算了，得罪人而不自知，背後被插了幾刀，數都數不清。悲哀的是，年輕時的自己也跟他一樣，以此自豪。

「Joseph，我以前跟你一樣，黑就是黑，白就是白，但是等我現在年紀大了，我發現黑白之外還有一個『灰色的世界』，而有趣的是，這灰色的世界竟然大過於黑白的世界。」我說。

「怎麼可能？」他叫了一聲。

不同時代，有不同的價值觀

「如果你認為這個世界黑白分明，事情不是對、就是錯，有黑、有白，那才是有原則，那就要看你是在大事上黑白，還是在任何一件事上都黑白。我年紀愈大，發現世界愈來愈繽紛，這**世界上不是只有兩個顏色**，這世界上有著太多的顏色。」我繼續說。

以前的人認為女孩子就應該纏足，不應該拋頭露面（現在還有一些國家仍然如此）；以前同志也是不被允許的；日本古代還有很殘忍的「棄老風俗」（電影《楢山節考》裡有詳細描述）。

不同的國家，不同的時代，就有不同的風俗、價值觀和標準。你怎能如此的肯定，你的黑白觀就是最正確的價值觀？每一個人的養成背景都是如此的不同，你如何能把自己當成上帝呢？這世界如果這麼簡單，律師就不會賺這麼多錢了。

以前業務人員和創意人員不合，我就直接叫過來對質，總認為這裡面一定有對有錯，認為自己是公正的判官，但幾次下來，我才發現，我錯了！

因為從他們個人的角度來看，事情呈現了不同的面貌，兩邊不見得是這麼全然的對或錯。可怕的是，這種對質反而破壞了他們彼此間的信任，和未來的合作的可能，因為在老闆面前，一定要爭個輸贏，反而無法退後或客觀。

能容納多少灰色，心就有多大

「老闆，你這樣會不會太沒有原則？」他不同意的反問。

「有些事跟原則是無關的。」我繼續說。

如果你認為，你的世界就是黑白的世界，而且強加於別人，用你的黑白觀作為他人的世界觀時，那麼你不是有原則，這個叫「獨斷」，這也表示了你在與他人互動中，心中只有自己，你認為你的世界就應該是全世界人的世界。

黑白你說了算，那就是為難了所有人，甚至不自覺的站在不同觀點者的對立面。能夠容納多少灰色的世界，就知道一個人心有多大。

當然，你還是要有某個程度的基本原則。所以對我來講，我的黑白是在大是大非，在某些核心的價值觀上如：誠信、對人慈悲、有同理心、負責……並不是每件事情都只有黑白對錯。

如果大事、小事都只有黑白，而且是你認知的黑白，那麼沒有人可以和你一起作業的。客戶要照著你的思維，團隊成員要照著你的價值觀，創意人員、策略人員，所有跟你合作的人都要用你的黑白觀，否則他們就是錯的，而你永遠是對的。

每天你都在對錯之間迴旋，時時在黑白之間遊走，那麼你覺得這世界會有趣嗎？跟你合作的人會開心嗎？你能夠建立團隊嗎？就算你真的厲害，組了團隊，也只能夠建立一些矮子團隊，因為所有的人只能跟著你走，這世界你走不大、走不遠，也走不久的。

打開心、放開胸，去聽、去看別人不同的觀點。從多元的觀點去建立你個人獨立性的觀點與高度，你會發現「差異」讓世界如此的多彩多姿，生命與生活也因此豐盛無比。

07

失去自信時，拉自己一把

「老闆，我最近愈來愈沒有自信……」一位同事向來自信滿滿、埋頭猛衝，從來不服輸。那天，喝了幾杯酒後卻沉默了許久，她突然抬頭看著我，悠悠的說了上面那句話。

她掩飾得真好，不說不會有任何人知道，但她選擇說出來，一定也是忍無可忍了吧。但又不知道能跟誰談，跟先生談她會緊張，畢竟家裡的經濟支柱是她，跟我談又擔心我把她給看小了，更怕客戶知道後覺得她不行了。在現今的社會，人們要示弱實在太難了，更多時候甚至無法面對自己。

知道有人在，就是最大的幫助

很多時候沒有自信，是來自於無力感。過去可以的，為什麼現在不行？過去客戶認可的，為什麼現在不認可了？過去這樣做會成功，為什麼現在不行了？有時候就是沒辦法面對一件事情——這世界真的變了，變得比我們想像中的還要更快；所有的人看起來都沒變，可是大家的行為模式也是一點一滴的被周圍的環境所改變；被上游下游、被客戶或同事，或是被影響我們甚深的人所改變。

說出來並不是卸下問題，或找人承擔，而是至少有一個人可以傾聽，那個感覺就好像在要摔倒前，有一個人幫你頂住了。那要如何恢復自信呢？沒有人可以給你答案，但你知道有人在，其實就是一個最大的幫助。

知道有人可以傾聽，那麼至少知道自己並不孤單，你就會開始心裡有溫暖、心裡有個踏實，那個踏實感會讓你慢慢把篤定提上來，當你保持篤定、有了踏實，那麼你的心也比較容易慢慢的定下來。在定下來的過程中，你心裡的智慧就會出來，願意去面對未知。

跟自己打仗，不可能有贏家

沒有自信的時候，其實最怕的是要「裝」——要**裝得很有自信的樣子，裝回別人眼中的自己，裝回昨天的自己。而這個「裝」也是我們最耗費能量的地方**，因為跟自己打仗不可能有贏家。所以讓自己靜下來面對自己，問自己：這樣的情況最差的會是什麼？你承受得起那個最差嗎？第一次的重擊會是什麼？第二次的重擊又可能會是什麼？最終的結果你能承受嗎？如果不是死亡，那還有什麼結果是你不能承受的？

我這一生已不知嘗過幾千幾百次這樣的滋味。有一段時間，幾乎天天問自己：「我有辦法帶領大家創新嗎？我還能夠創出一個不同的模式，讓產業不一樣嗎？我還能夠幫助更多的人，有更大的成長嗎？」每一個問題對我來講都是一個重擊；每一個問題，對我來講也可能是一個機會，雖然在這個機會之下，有更多的負擔與承擔，但畢竟那是我想要的。

失去自信時，拉自己一把

所以當你感覺沒有自信的時候，找一個人傾聽、找一個人你知道他懂你，或信得過的人傾聽。最重要的是讓自己安靜下來，安靜個幾天，但要給個時限，最終不要停駐太久。

說出來、寫下來，跟自己說說話，寫下所有的狀況。而最重要的是問自己：「當你什麼都沒有的時候，你會怎樣？當你這件事情搞砸的時候，你會怎樣？」

這世界上沒有一個人是一年三百六十五天二十四小時都滿懷自信的，我們每天都必須面對不熟悉而且複雜的問題，在自我懷疑中匍匐前進，但偏偏當我們快接近目的或結果時，就像黎明前的暗是最深的黑，我們的自信應該也是處於最薄弱的時刻……但一定要記住：

你最多是「一無所有」，肯定不是「一無是處」。

就算是一無所有，那麼最終你也只能向前；

如果一無是處，你也走不到今天。

重新定義恐懼「FEAR」

更且，很多時候我們沒有自信，是因為我們正面臨一個更大的挑戰，而那個挑戰的意義就是代表著更大的機會降臨。我曾在某本書讀到可以如此重新定義恐懼「FEAR」——Feel Excited And Ready，**面對恐懼感到興奮且躍躍欲試**。

帶著只能向前的決心，以你過去曾經累積的經驗，再加上跌跤過程中的學習、沉澱出來的智慧去面對挑戰。當你有一天回顧當時的恐懼，你會發現過去的恐懼在現在看只是 a piece of cake。

在一次次面對恐懼的過程中，你會發現挑戰變得愈來愈大，更會猛然發現自己所處的維度與高度，已然成為過去的 N 次方。

08 痛，並快樂著

「老闆，我好累，太多事情了，身體也快撐不住了。」跟我做了將近十年的好同事這麼跟我說。

「沒問題，身體是一切的源頭，你趕快去好好休息吧！沒有健康，一切都是空談。」我直直的看著他。

「可是現在還有很多客戶的事要處理。老闆，你都不留我嗎？」他不可置信的看著我說。

「我也很想留你啊！」我回答他。

但對我而言：

第一，身體健康比什麼都重要。

第二，我期望的不是一時，我期望的是彼此更長久的合作。更何況你現在有自己重要的優先順序，並不是以公司最重要的事為優先。所以，我覺得你已經夠成熟了，應該做你想做的事，走你自己想走的路。

以前我的喜怒哀樂比較常放在臉上，現在碰到了極度的哀傷，或者極度的沮喪、挫折，心會變得比較定，臉上反而沒有表情。從外人的眼中看來，我可能是一個無情冷漠的人，但我知道自己最內心的思維：我不想影響他人。

永遠不要用身體換錢

這位好同事在公司待了將近十年，對公司的幫助如此巨大，當他今天身體不舒服，我唯一能夠想的，一定是以他的健康為優先。

公司會不會碰到他的客戶承接的問題？當然會、肯定會、百分之百會！但是又如何？身體健康重要過一切，就像我常常跟同事講的，永遠不要用身體換錢。但這種事好說難做，他願意提出來表示他已經到了極限，從我的角度只有兩個字可以做：「成全」。

「當然，還是要拜託你給點時間，慢慢退場，你的客戶有你存在的必要性；希望你能夠漸次的、慢慢的退出。但你自己要小心，如果你把從公司這邊撥出去的時間，去做你想做的事，但卻沒有主軸，只是再把時間塞滿，那麼你的健康問題是不會得到解決的。你一定要記住，身體是最重要的。」我講得語重心長，他聽得面色凝重。

做不喜歡的事，無法長久

我們心裡都有數，有時候你會講很痛苦、撐不下去，只是因為你在做你不喜歡做的事，而我們又放不下。因為會做自己不喜歡做的事，很多時候是因為那個看的到的，比較容易得到的回饋，不管是金錢或肯定。

但如果你不放下，你怎麼拿新的呢？**如果緊握著過去不放，怎麼可能會有不同的未來？**透過你的放下，透過你的失去，你才會知道什麼是自己最在意的，在這樣的情況之下，未來拿到的東西，你才會更珍惜，不管那是不是最終你想要的，至少你已經開啟了自己的旅程。

痛苦終將成為人生的養分

仔細想想，**人的一生，好像所有的進步與成長，都跟痛苦有關**，不管是身體的痛苦，或是心靈的折磨……還記得我第一次找到最夢幻的工作，卻讓自己度過了將近一年的焦慮與徬徨；第一次掉了全公司最大的客戶，那一年我頭髮白了一半，更不要說在前幾年失去了我親愛的父親。每一次的痛苦都伴隨著我進入人生黑暗期，焦慮、沮喪、挫敗，甚至懷疑自己。

但神奇的是，在這些痛苦事件過後的一年、兩年、三年後，再回顧當時，可能因為我有寫日記的習慣，我發現自己好像跳到另外一個維度、另外一個空間。我堅定了一些想法，形成了信念：

我不要做我不相信的事。

我不要賺我沒有貢獻、沒有產出價值的錢。

我開始對認識，不認識的人有更深的同理心。

痛苦後的成長，讓心更沉著

我們總是盡自己所能去避免痛苦的可能與發生，但也因此讓我們的心靈處在焦慮與不安，卻不知這些我們極力避免的，在痛苦之後會讓我們學習到新的技能或觀點，甚至讓心靈變得沉著與穩定。

下次你在為某件事情痛苦、沮喪、哀傷，超過一個月甚至半年，你就要仔細記錄，並輕輕的告訴自己：

你即將再進入另一個維度，另一個次元；

你將看到一個不同的自己。

痛，並快樂著。讓自己經歷過程中的那個痛苦，小心、仔細的品嘗那個滋味，最後的果實才能讓你有著深層的快樂。那個**快樂來自你自覺的進步與成長**，最終讓你成為你沒想過，卻是那個你所想成為的那個人。

09

今天照鏡子了嗎？

過去有許多演講邀請，主辦單位常要我分享成功之道，如何從Z咖變A咖。其實我覺得我沒有像別人說得那麼厲害，這不是矯情，因為我最在意的是我自己的人生要怎麼過？

我常問自己——今天有照鏡子了嗎？你怎麼看自己？你喜歡現在的自己嗎？你會尊敬鏡子中的那個人嗎？

現在這個社會給了我們好多框架，要到什麼位階才是成功、賺到多少身家才厲害、存到多少錢才能退休……為了成為好爸爸、好同事、好老闆、好妻子，很多人都沒有自己的空間，也很不開心。

一個不開心的人，很難讓周圍的人開心，而為了討周圍的人歡喜，自己在角落哭泣。這是犧牲，這樣是不可能持久的，因為你可能會期待自己的犧牲有所回報；但可怕的是，別人可能不知道、不感謝，或視為理所當然，但那不是別人對不起你，是你對不起你自己。

不要成為別人口中的你

不要讓大人、社會、公司來決定你要當一個什麼樣的人，拿掉職銜、財富之時，那個你會是誰？你愛他嗎？你尊敬他嗎？愛他的什麼？尊敬他的什麼？那就是你努力的起點，也是終點。

不要成為別人口中的你，
要成為自己心目中的你。

在不傷害他人，不侵犯別人的權利下，盡量做自己。不要別人說要賺到十億才是成功，你若照他的標準，那這世界上只要一個他，也就不需要你了。

我年輕時想多賺點錢，中年時想買房子，現在則想利用自己在外商的資源多幫助一些人，期待讓更多台灣人走向世界，我喜歡圖利他人。別人如何說我，我一點都不在意，就像我不在意我的衣著是不是名牌，穿著乾淨、簡單、不要花腦筋就好，因為我只在乎「在乎我的人」，在乎我的人也不會以世俗標準來批判我。

我喜歡坐在路邊小吃攤喝紅酒、配滷味，大口喝酒，大口吃肉，不用擔心難看。**別人的天空是別人的天空，我自有自己的藍天白雲**；就算在暴風雨中，我也能找到自己的彩虹。

現在年輕人很可憐，大人不是罵不長進、沒大目標，就是罵啃老、沒狼性，這有某一小部分的事實，但一部分不等於全部。

每個時代的長者都覺得下一代讓他們很擔心，但事實上每一代都比上一代進步。所有的話都給大人們說完了，忘了這世界終有一天是年輕人的。

給年輕人一些喘息空間吧，**我們的夢，不一定是他們的夢**。清朝認為裹小腳才美，我們認為慘絕人寰，所以，很多的對與錯、是與非，不是那麼絕對。

邁入新的一天，你會照鏡子嗎？希望你會喜歡鏡子中的自己。

10

不要只做有熱情的事

「執行長，您覺得我待在美國，還是回來台灣好？」一個跨國企業ＣＥＯ帶著他的女兒來找我。

看著他的女兒，漂亮、有著傲人學歷、英文也極好、眼神充滿了對世界的好奇，我的思緒跳回三十八年前：每天寄履歷應徵，卻一直找不到工作，內心焦急不已的自己。

每個時代都有不同的背景，在我們父母的那個年代，台灣什麼都沒有，他們只好自己「無中生有」；到了我們這一代就期待在「有中求好」；現在年輕人的物質環境較不缺乏，他們**追求的可能不是「生存」，而是「存在」**。

他們在虛擬與實體兩個世界中不斷來回，透過網路可以接觸到我們以前根本無法想像的世界，他們的視野也比我們更寬廣。對於他們的未來，我似乎無法用過去的路給他任何建議。

更何況她的條件如此優秀，面對未來她只會有「太多選擇」的困擾。It is a happy burden（甜蜜的負荷）。唯一會出錯只在於不做任何決定，一直花時間憂慮與徬徨。

在基礎功裡培養出熱情

對於年輕人找工作，我個人的觀察與心得是，剛畢業時的工作選擇不會是生與死，也不是對與錯，只是好與更好的抉擇。決定結果的，不是你選 A 或選 B，是**你用什麼「心態」去面對你最終的選擇**，而這也是唯一要小心呵護與培育的。

Don't follow your passion, commit it.（不要只做有熱情的事，要在你做的事情中培養出熱情），太多年輕人想著要找到自己喜歡、有熱情的事，但他們對「熱情」這件事有錯誤的預期，認為只要找到熱情所在，做什麼都會很開心。

這都是只看到光鮮亮麗釣表面，等到真正開始作業，或不喜歡過程，或不喜歡老闆，熱情就一點一滴的流失了。如何讓自己在無差異化的基礎功裡，找出讓自己喜歡的地方，**讓熱情緩緩釋出，持續存在於每一天的日常作業裡**，才會決定你往後的世界。

所有的苦不會白受

就像電影《雙面情人》一樣，你可能做了不一樣的選擇，有了不同的過程，但是因著你個人的人生目的、獨特才華，你終究會回到一條要走、會走的軌道。

所以，放開你的憂慮，放下你的緊張，因為不管怎樣，你一定會碰到今生最愛或愛你的人；不管你走哪條路、做哪個選擇，該受的苦、該有的快樂也不會不見。

人生很棒，所有的苦也不會白受，每一個經歷都是累積。

就像印象派的畫作，每一個點看起來是單純的點，拉開來看才知道是大海中破霧的船、疾駛的火車、春天的花園。

所以，年輕的你，放膽往前走吧，把夢做大。在做的事情中不斷注入你的熱血，那世界也會用最熱情的方式回應你。

Don't follow your passion,

commit it.

不要只做有熱情的事，

要在你做的事情中培養出熱情。

設立停損點就是，讓這件壞事情到此為止。
這不是饒過他人，而是饒過自己。

PART 2

如何讓好事發生？

11

能和不喜歡的人工作嗎？

「老闆，我不想再跟 Ellen 共事了，她這個人真的太壞了！見人說人話，見鬼說鬼話，那也就算了，老是前言不搭後語，做事都沒個章法，我都不曉得她是怎麼升到這個職位的？」創意總監 Melody 像連珠炮似的跟我轟炸，我整個頭都快炸了。

「我不喜歡她，我再也不要跟她一起合作了！」Melody 又補了一句。

「妳可以控制一下妳的眼神嗎？」看著她充滿憤怒的眼神，我說。

「我沒辦法！」她斷然回答。

我想一想也對，眼神真的是沒辦法控制的，眼神是自然流露的，眼神常常透露出你心裡所想的，雖然你不見得想讓人家知道。

「妳不喜歡她，所以妳不要跟她一起作業？」我再問一次。

「對！沒有第二句話！」很少看到 Melody 的態度這麼堅定。

唉，我重重的嘆了口氣。這行業最難的就是「勉強」，愈高階的人愈不能逼，隨便弄個洞，都要花好大的力氣和時間才能補起來。

剛入社會的時候，就是單純把「事」做好，位階愈高，就是要把「人」做好。但不是只把自己做好就行，而是要能協助他人做得更好，形成一個團隊，共同成就。若每個人都有自己對人的偏好的話，這個公司不打內戰也難。

把普通選擇變成好結果

初階的人要選人、選客戶做，我都沒意見，畢竟他們還沒形成對人的包容性及做事的多元能力，但高階的人就沒有這個「奢侈」的權利了。

愈往上走的時候，其實黑白的空間愈少，你會發現自己不斷的走在灰色地帶，很多事已經沒有絕對的對錯了。當沒有絕對對錯的灰色地帶愈大的時候，它考驗的是你的包容力和判斷力——你怎麼樣去判斷在這個灰色過程中，把普通的選擇變成好的結果；或者原本不對的方式，讓它變成對的結果，這才厲害嘛！

爭論絕對的對跟錯，就跟小孩子告狀一樣啊。

「媽媽，他搶我東西。」

「你怎麼可以搶他東西，你要還給人家！」

小孩子爭對錯，需要媽媽來當裁判，但是工作上的絕對對錯，還需要資深的人來做判斷嗎？其實不需要！愈低階的地方，通常黑白規則愈多；愈高階的地方，灰色地帶愈大。

一條船上誰鑿了洞，有差嗎？

你自己要非常清楚這種狀況，不要動不動就說客戶有問題、策略不精準、創意不夠好、業務沒聽懂客戶的意思……不斷證明別人不對，然後證明了一百次是自己對，但最後結果不對的時候，其實是大家都錯了啊！

在一條船上誰鑿了洞，有差嗎？船是一起沉的。

沒錯，很多時候不是你造成的問題，但你是高階者，所以責任是你的。就像外商總部在看「瑪格麗特」，他不會說業績沒達標，是你的副總沒選好、景氣出問題，或是客戶很無理。你也不能跟他說，台灣客戶有多難做，完成品拿來當提案改……你跟外商老闆解釋，他也不會聽，因為對外商而言，那統統都是你「瑪格麗特」的責任。

養成「神一般」的專業

「妳一定要跟自己講兩件事。」我很鄭重的告訴已經做到總監位置的Melody。第一，如果想要繼續成長，未來的空間已經沒有絕對的黑白。第二，不要只能跟你喜歡的人做事。專業的人是能夠跟不喜歡的人做事，還能夠把事情做好，這才專業！

能夠**跟你不喜歡的人，或者和不喜歡你的人把事情做好，那叫做「專業」**。但更深一層的境界是，你不但能夠和你不喜歡的人，或不喜歡你的人一起做事，還能夠和他們一起做出他們沒想到、沒做過的好作品，這才是養成「神一般」的專業。

12

什麼是真正的公平？

「老闆，聽說ＸＸ團隊有一週特別假，若沒休完還可以折成錢。」Cathy 邊說邊走進我的辦公室。

「是啊！上個月的 Happy Hour 我有宣布。」我很快的回應。

「那我們也做得很辛苦，我的團隊可以比照辦理嗎？若只有他們有，好像不是很公平？」她理直氣壯的低喊。

「很簡單，如果想要公平，就轉 Team，加入那個團隊，就公平了。」我耐著性子回答。

有一種客戶，你做得辛苦，但就像走在隧道裡，你知道前面一定有光，就算看不到光，也是暫時的。另外有一種客戶，大家做得很辛苦，但在做的過程中，不但沒有辦法很快看到結果，還可能淪為犧牲打，卻還是要做。

在第一種客戶的作業過程中，你可能很累，但會有成就感；而在第二種客戶上，不但很累，而且可能是做白工，也就是說，你不知道為何而戰？像這種不知終點在哪，不知為何而戰的辛苦是最磨人的。

當你不知道終點在哪，只有自己跟自己比賽，而且要把每一次的作業當成是表現最好的一次，才能砥礪自己繼續前進。

過程終究會開花結果

雖然不知為何而戰，但如果你還是努力的做，提出你認為最好的東西給客戶，「明知不可為而為」的決心與堅定，終究也會成為過程的一部份。

即使事情可能不會看到結果，但你終究會發現這個過程，在你身上開花結果——你鍛鍊了你自己，你累積了對自己的了解，你對市場有更深度的經營，你因此而成長，這才是最棒的結果。

所以對我而言，**這世界沒有所謂真正的公平**。硬要追求一個「公平」，可能只在特定的時間內，有明確的規則，在眾人矚目的地方舉行，才可能有公平可言，比如說：競技場、運動比賽。

時間短、眾人矚目、規則清楚，在這種情況下，公平是可得的。但如果把「時間」這個元素拉長，把「地域」的因素放大，那麼你也很難獲得真正的公平，因為太多人的焦點不一定是在定點上，而且事情太多也會讓所有的焦點模糊。

如果事情的對錯都是如此清楚，就沒有法律訴訟的存在了。

變數愈多，愈難期待公平

在外商企業，談公平是弱者的行為。

這就像是告訴你老闆，「我沒招了！」你已經沒有其他理由可以說服你的老闆，而且把談公平當成最後一招，通常也是註定無效的。

身為公司經營者，我經常檢視自己的動機。

公平是個起點，有勞就有獲，有功就有賞，有企圖、有潛力就晉升。在外商，我的老闆來來去去，他們不見得了解我，我英文也沒好到能與他們掏心挖肺，我更不可能要求他們對我公平。但我很清楚有些事情的複雜度，所牽涉的不只是你一個人時，就很難期待公平。

每件事都有變數，**當參與的人愈多，變數是用指數型的速度在成長的**，你就很難去談公平。如果你把所有的結果都寄望在「公平」這個點上，但你卻沒有辦法控制變數的時候，那麼你等於是把自己的命運交給他人，其他的時間你就只能拿來抱怨跟期待了。相信我，這將會是對你自己最大的不公平！

13

為耗損的生命設停損點

「他們怎麼可以這樣對人，實在是太過分了！」朋友在我對面默默的啜泣，我只能靜靜的遞上面紙。自從她在那間做了十年的公司離職後，這兩年來她換了三個工作，都很不開心。

別為出口氣而耗費生命

「妳還記得那個做了十年的工作的離開原因嗎？」我問。

「沒辦法，產業不景氣，cost down，我又沒有依附任何一個上層，很快就被刷下來……」她低聲說。

那離開後的第一個工作呢？

「做得不錯，但上司覺得我功高震主，也不給資源，我想一想覺得再待下去也無趣，就離開了。」她回答。

第二個工作呢？

「明明都已經談好了工作內容，也簽好約了，半年內改了三次。」她恨恨的說，「我要去告他們。」

告他們會有什麼好處呢？

「我嚥不下這口氣。」憤恨讓她的聲調提高了。

「妳希望得到什麼樣的結果？他們會賠償嗎？不會，但至少讓妳出了一口氣，對不對？OK，那也沒問題。重點是下一步呢？妳要花多少時間去告他們？贏了之後呢？生命都耗費掉了，最後得到的只是出了一口氣，何必呢？人活著本來就有一口氣，幹麼還去跟他們爭已經有的一口氣？」我也一口氣問了她很多問題。

讓壞事到此為止

我工作快四十年，也碰過讓我氣到想打人，想跟他們玉石俱焚的事，這麼多年下來我的經驗有兩個。

第一個，在這一次事件的過程裡，你有沒有學習？沉澱下來，思考「哪些東西是未來可用的」，就是學習。這沒有對錯好壞的問題，但如果沒有學習，很有可能未來還是會重複踩到地雷。

第二個，有時候我們必須承認就是碰到跟我們沒善緣的人。就像走在路上不小心被狗咬，你是要跟狗對打呢？還是趕快離開？留下來跟牠格鬥完以後，你會贏嗎？不管結果如何，你生命已經耗費掉了，耗費在那個你認為倒楣的地方，耗費在那個永遠不可能贏的地方。

後來，我都不去想對錯了，我只想設立停損點。

設立停損點的意思就是，讓這件壞事情到此為止。但在這件事上，我的學習是什麼？我要怎麼確保這樣的壞事以後不會再發生？或者我要怎麼確保不只今生，甚至來世都不會再碰到這樣的人？

設「停損點」是饒過自己

不設立停損點，你就會一直待在那個地方，一直待在原地，生命停滯，你將不只是受傷，最後你會受重傷，甚至是死在那個地方，那不是很不值得嗎？

人很奇怪，受傷後，結了疤痕就忘了痛，過一陣子再把它割開，愈想就愈氣，愈氣就愈痛。已經過去的事在你腦中再發生一次，整個人的能量就耗費在那個地方，那不是痛而已，而是讓你的整個生命停格，甚至倒退到你不愉快的地方，何苦為難自己呢？

所以碰到不開心的事，一定要記得**設「停損點」**，**這不是饒過他人，而是饒過你自己**。

一輩子在同一個地方痛一次就好，想一想在當中學到了什麼？之後趕快大步往前走，創造自己想要的人生。

14

一次傷，要痛幾次？

一次傷害，你應該要痛幾次？如果一個人在工作時，只想「拿多少錢，做多少事」，那不論他拿到了多少錢，都是在賤賣自己的時間，這對你的傷害一定會有很多次。

比方有兩個人，一個人月薪三萬，另一個五萬，月薪五萬的一定比較值錢嗎？不是，要看他們投入的狀況。也許這位領薪五萬的仁兄認為：「我價值十萬，你才給我五萬，好，那我就隨便做做。」

只用「錢」來衡量工作時間？

如果他只用錢來衡量工作時間，那就不是只有一次性傷害了。

首先，他無法發揮所有的潛能。第二，因為他不是非常努力，所以沒有最大回饋。第三，他一定常常浪費時間在抱怨。第四，一直抱怨的人，會吸引周圍的同類人，彌漫著負能量。第五，他開心的時間變少，人緣變壞，身體變差。

這種「給多少錢，做多少事」的念頭一起，不只是一次性傷害，而且不是痛一天，可能三年、十年都白做工了，人生都打壞了，至少是「傷害五合一」！

但如果你認為，給我五萬沒關係，我不但做這五萬的事情，還多做其他事，在公司多做事，**學習到的就是「多賺的」**，念頭一轉，差別就很大了。

我自己在一九七九年進嬌生，從薪水是六千五百元的打字員開始，慢慢成為行政主管，薪水也躍至三萬六千五，並管理三個人。

用「總所得」來衡量工作

一年半後，感覺到天花板了，老闆好心介紹我去另一家公司。我去面試，主管認為我過去的經驗不適用，砍薪水被降到一萬六，這等於是降了六成薪。

當時我想，反正一時也沒工作，就努力學習，「免費」聽主管和客戶談策略，看創意人員演練有紀律的創意，也算是我賺到；當看到公司一些我不太認同的做法，也告訴自己以後絕對不要重蹈覆轍。

撇開薪資，我自己在這個工作中學到了許多「可以用」與「以後絕對不會做的事」，獲益良多。

更棒的是，在那間公司裡我賺到今生最重要的兩個摯友，陪我在人生道路上一路前行，就算沒賺到先前的薪水，我都覺得太值得了。但如果當時的我看著錢，數著饅頭，隨便應付眼前的工作，隨時尋找外面的工作機會，這兩個人不會瞧得起我，更不會和我做朋友，更遑論深交了。

工作近四十年，每一年我都這樣問自己：「如果今天公司不給我薪水，我還會不會想做這個工作？」而答案也都是肯定的。

如果你不要只想到「我拿到多少薪水」，而是「我獲得多少」、「我的總所得多少」，你就會把你愛的事做得更好、把潛能發揮出來。而且我個人經驗告訴我：

該你的，

老天一定會用不同的方式給你的。

15

在言語和行動之間，保留一點餘裕

「老闆，我最近這個案子應該可以進帳八百萬左右吧！大家都很努力、很拚的！」Richard 興奮的衝到我的辦公室說。

「很好啊！簽約了嗎？」我說。

「大致上沒什麼問題，應該就是這一兩天，不會晚過這一週的。」Richard 笑得很燦爛。

一週後我在走廊上看到他，順便問了一下專案進度。

「客戶的財務長要求就工作內容項目及價格上再做一些討論，客戶之前明明跟我說，已經跟他的財務長討論過了……」他低著頭愈說愈小聲。

樂觀肯定是個好事，因為在樂觀中，可以讓我們的士氣高昂；在樂觀中，我們可以懷著信心往前邁進，但「過度樂觀」就不一定了。

過度樂觀是你個人設定了「過度的期待」，如果因為個人過度的樂觀，沒有考慮到時空背景，以及客戶或市場上可能會有的變化，就很容易讓跟著你的人、團隊，還有客戶都會對你有過度的期待。

過度承諾容易破壞信任

若是一、兩次落空，大家會當成是第三方的問題，但是同樣狀況重複第三次以後，大家就會慢慢察覺到是你本身有「判斷力」上的問題。更且，過度樂觀會提高他人對我們的期待，在他人對你過高期待的過程中，容不得一點閃失。

因為**過度樂觀**，**你容易做出「過度的承諾」**，所以在作業的過程中，反而讓自己和團隊沒有任何迴轉的空間。在這樣的情況下，只要一次、兩次沒有達到你最終承諾的目標，就會失去人們對你的信任。

我一直謹記著希臘戴菲爾神殿裡的兩句話，其中一句話就是「凡事不要過度」。

在跟國外在講數字的時候，我肯定不可以保守，因為如果數字保守，國外不會給我資源；但我也肯定不能過度樂觀，因為過度樂觀會容易破壞彼此間的信任。

除了讓自己完全沒有迴旋的空間，甚至因此迫使團隊，在過程中不能稍有不慎——不管是因為客戶端有狀況，或整個市場、情勢產生了一些變化（這是常有的事），若是讓絲毫變數影響到預期結果，那我們在別人的信任基礎上，不只是被扣分，而可能會是趨近於零了。

我常常會問同事，「你確定嗎？你肯定嗎？」

以我的個性，只要是沒有簽約的、錢沒有進來的，對我來講都不會用「我確定、我肯定」的字眼。

位階愈高，愈清楚**在「確定」跟「可能」的拿捏之間，其實縫隙不大**。所以自己千萬要小心，要懂得判斷。因為在講「已經確認」、「一定可以」、「確定沒問題」、「肯定做得到」這幾句話的同時，其實你也把自己的後路全部堵住了。

不要讓你的言語去堵住後路，你的行動才會有迴旋的空間。

讓成功不只這一次而已

在言語和行動之間保留一點餘裕，進可攻、退可守。千萬不要在言語上堵住自己的後路，這樣的成功就不會只是這一次的成功。

因為**每一次的「言必果」，都會累積他人對你的依賴**，更因此信任於你所說的每一句話。當他們知道你的話語是有份量的，而有份量的話語以及有信任的形象，會讓你在做任何事情上事半功倍，形成正循環。而且相對來講，團隊也才能夠跟著你一起大步邁出。

在言語和行動之間保留一點餘裕，你會發現：

餘裕除了讓你生出迴旋空間，
也讓你多了呼吸的餘地。

16

創造「空間」讓空氣流動

「你每次都是先答應客戶再回來找我，我告訴你，這次我不會幫你擦屁股，你自己去想辦法，我不會幫你弄的……」

我剛從外面走進來，就聽到財務部門在對業務生氣，業務人員就像個小媳婦般的站在財務人員面前解釋。

財務人員轉了頭：「不要再說了，我不要再聽了……」

我看了他們一眼就走過去，回到座位上，思緒紛飛。

人與人的互動，某個程度上來說是很僵化的，因為人對人的認知，很多時候都會形成固定的模式，而這固定模式是不可變動的，因此就沒有了迴旋、沒有轉圜，只剩下碰撞。

我曾經去看過一個房子，主人很得意的告訴我，他找了很棒的設計師，書房做得很有設計感，客廳的陳列和展示間又是多有質感……這些都是設計師精心設計的；我在裡面走了兩圈，其實房子是大的，但我走得不是很舒服，感覺上這房子很富麗堂皇，但就是有種說不清楚的沉重感。

少了空間，空氣無法流動

同仁的紛爭讓我回想起這件事，突然了解到自己的不舒服從何而來。那間大房子設計得的確很華麗，但是沙發、桌子、按摩椅、貴妃躺椅、展示架、裝飾用的陳列櫃等，大多數家具都是固定的，因為家具固定了就沒有什麼轉圜餘地，反而讓房子少了「空間」。

這就像是人與人之間的關係一樣，如果彼此之間的認知是固定的，**少了空間，就沒得迴旋，彼此之間的空氣就是不流動的**。久了也會讓彼此沒辦法呼吸，而且空氣不流動所產生的味道是很不好聞的，那是一種僵化、死氣沉沉、毫無生氣的味道。

碰撞後試著「重開機」

在無法流動的空間裡，所有的應對都是「撞」出來的，彼此之間很容易去碰撞，更容易擦撞，因此雙方都容易受傷，更容易因為這樣而死亡——關係的死亡。

當然，人與人之間會透過每一次的互動，建立起認知，久而久之就會形成固定的行為模式，但當「固定」到某個程度，僵固就成了負擔，會讓任一方可能無法喘息或乾脆放棄。

財務人員覺得業務人員不努力說服客戶接受付款條件，資料每次都給得不完整；業務人員覺得不管給多少資料，做多少努力，財務人員永遠無法了解業務在外面廝殺的無情與無力感。

幾次下來，雙方的互動就形成了僵化，關係就固定了，而上述的談話就變成了一種公式。但這個公式導出的結論都是一場又一場的碰撞，總是會有人受傷。

有沒有可能，在雙方碰撞後受傷、舔血的同時，**用沉澱之後的「Reset」（重開機）**，**取代「僵化認知」**的固定位置？也許就當成實驗，由資深人員開始努力去嘗試，讓之後的互動變成另一個第一次，帶來新的想像。

希望用 Reset（重開機）創造出來的「空間」，能讓新鮮空氣可以流動之外，也讓彼此之間可以大口呼吸。就像是微風吹過樹梢。

物來則應，

過則不留。

下一次互動又是一個全新的開始。

17 向上管理的最後一步

「Michael，那天我請你跟某某大學談的事情，已經好幾天了，請問狀況如何？校長怎麼說？」我好幾次想到這件事，但一忙就忘了，今天好不容易又想起來，剛好碰到他，就急著詢問。

「有啊，我一聯絡完就跟秘書講，請她跟您說了，秘書沒跟您說嗎？」他說得漫不經心，還一副秘書有問題，不干他事的神情！

我當場一把火就起來了，真的不能理解，明明是我交辦事情給他，為什麼要請別人來回應我？沒事生事，把事情弄得更複雜，還衍生一堆副作用：

第一，一件單純的事，牽涉第三個人，沒效率，又浪費資源，搞得職責不清。

第二，事情沒回應，掛在我心上，浪費我能量。

第三，想到這件事時不知道狀況，老闆心中對你的形象鐵定扣分。三輸！

向上管理的最後一哩路

進入職場後，可能大家都很怕老闆提出問題，或怕被交代更多事，所以對於老闆能避免見面就不見，這也沒關係，寫個簡訊或寫個 email 回報總可以吧？但我發現**很多人對於「回報」這件事是很輕忽的**，可惜就在這裡了，前面可能都做得漂漂亮亮，結果死在最後一哩路上。

向上管理沒做好，再好的能力、再好的結果，都會打對折。

回報有三個層次：

一，把交代的事情做好，那只是「做完」。

二，讓老闆知道結果，然後彼此都對這件事情畫下句點，這是「做好」。

三，在老闆還沒詢問之前**主動告知進度**，一**結束作業馬上讓老闆知悉結果**，在老闆心中你鐵定是加分，覺得你做事主動、積極。或許你會因此被交辦更多任務，但那絕對是因為在老闆心中，你的正面形象更鮮明，信任加分，是隨時都有可能加大舞台的前兆！

還有，**誰交付工作，一定要再直接回應給交付的人**，這樣才是有始有終！

直接回應交付人

不懂得如何向上管理，就算你前面做了一百分，結果卻死在最後的那一分上。就像賽跑跑到終點站，沒有碰到那條線就跟沒跑完一樣，結果不是大家歡喜，而是鬱卒而死——你自己鬱卒，然後老闆也不高興，最後你還在內心裡吶喊：「做到流汗，還被你嫌到流涎。」（台語，辛苦做事還被嫌得一無是處）

雙方都不開心，那不就雙輸了嗎？如果還牽涉到第三人（例如我的秘書），那就是三輸！所以一定要記住，誰交付你工作，一定要直接回應給那個人，不管你是用口頭，還是用書面。要更保險一點，像我對客戶，一定是書面報告；若是請秘書轉呈，則會再用簡訊確認已寄出或已請秘書轉呈，並再詢問還有沒有另外的指示。

千萬不要在被讚賞、加分的時刻，反因小地方的疏忽而產生說不出苦的冤屈。

向上管理沒做好，

再好的能力、再好的結果，

都會打對折。

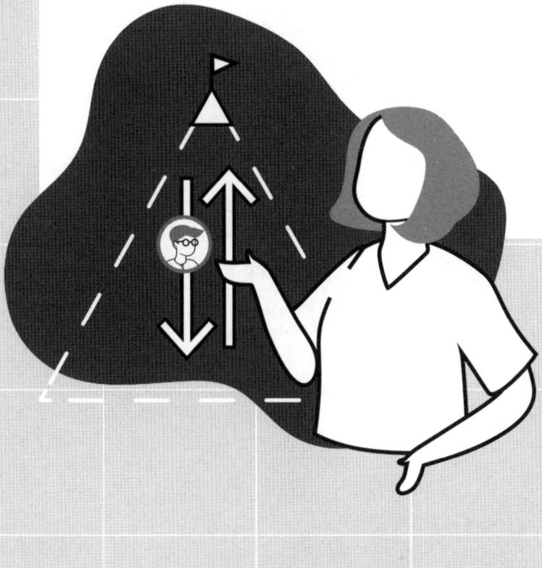

真正的領導，要從放下自己開始。
放下自我，專注在利他時才可以將
能量集中並提升。

PART

3

領導，從放下自己開始

18

你要做什麼樣的領導？

「老闆，我真的受不了那個 David，他真的不行，我都不想再見到他了。我現在可以理解，妳以前提到有一陣子看到某個人進來，妳都快崩潰了……」部門主管 Mary 向我吐苦水。

「為什麼？David 有那麼差嗎？那妳就資遣他啊！」她愣了一下，以為我在「起乩」，開始胡言亂語。

「對啊，既然他的存在對妳沒有價值，對團隊沒有價值，妳資遣他，大家好聚好散，不是皆大歡喜嗎？」我接著說。

「不行啊，如果沒有他，每個會我都要去開！至少他可以幫我擋一些事，讓我有多一點時間做其他事。」Mary 解釋。

管理這本帳要算清楚

「在管理上，有些帳妳要算清楚！」我正色回答。

妳說他沒什麼用處，那他能幫妳節省多少時間？一〇％，還是二〇％？但妳花了多少能量在他身上？抱怨的能量、解決他問題的能量、一直在想誰可以替代他的能量……結果他幫妳省了二〇％的開會時間，但妳花了五〇％的能量在他身上，這筆帳划算嗎？

對，妳說之前有一個人我一直不想見，但現在這個人不但還在公司裡，而且他比以前更好，這就是重點了。

瑪格麗特和瑪麗之間最大的不同是，瑪麗是團隊裡最棒的，而我瑪格麗特是我們公司裡最弱的！論年齡、學歷、寫報告、辦活動、想創意……我都不如這些二級主管，但我們公司的團隊創下連續十一年業界第一名。

「如果妳帶領的團隊，主管有問題，天天出狀況、產生客訴，對我而言，不管問題是誰捅出來的，百分百就是妳的責任！」我說。

如果你覺得他一無是處，那也**不是這個人一無是處，而是他在「你這個地方」一無是處**，搞不好他去別的地方就一飛沖天。如果你真的不能用他，那不要害人家，趕快放人家走，讓人家在別的地方好好成為更好的他，不要在這邊和你相看兩相厭。

你是伯樂，還是把千里馬當騾子？

這世界上，每個人都是一匹千里馬，只是看他有無碰到伯樂？

這伯樂可能是別人，最好是他自己，因為外在的伯樂難尋；最可怕的是，他碰到披著伯樂的外衣，卻把千里馬當騾子用的殺手，如果連他自己也無法看到自己的潛能，就活活的被糟蹋，冤死了！

沒有一個人是完美的，每個人都有他的長處，也有短處。要如何善用他的長處，是「你」做領導的責任。無能的領導人，只會說要找很棒的千里馬，找到後卻把他當騾子用。到最後，千里馬變成每天在流汗、吐舌頭，流血流到快發瘋的騾子，這是誰的問題？這不是馬的問題，是領導的問題。

一個可以**把六十分的人，訓練、育成、啟發成一百二十分**，連那個人都沒有想過，自己怎麼可以成為這麼好的人，才是真正的好領導。

所以想清楚，你是要做什麼樣的領導？是千里馬的操盤手？還是把千里馬當騾子用的殺手？

19

放掉與自己負能量的格鬥

「哇！董事長，你氣色真好。」看到兩年沒見的老朋友，兩個人開心的握著手久久不放。

「但怎麼頭髮突然白成這樣？」聊了幾句後，我驚覺的問他。

「我從小就好命，也沒碰過什麼讓自己難過的事，一直到這幾年，疫情讓做生意變得很辛苦，再加上母親過世，偏偏這時有一個在公司做了二十多年的親戚，突然另立門戶將客戶帶走，業績立刻掉了三分之二，資金因而卡死了。

我實在不想裁掉跟著我多年的員工，只能想方設法找錢來填補。原本想拿以前跟好朋友買的藝術品變現，結果這位好朋友竟然完全不理不睬，有一陣子我都憂鬱到很想就此消失，但想到身邊這麼多人的生計，自己又覺得對他們有責任……」他一口氣說出這陣子的心路歷程，停了一會後告訴我，「三年多以來，這是我第一次跟人家講心裡的感受，講出來終於比較舒服一點了。」

面對問題後，真的放下

聽到他這幾年的點點滴滴，我楞在那裡，驚得嘴巴都合不起來。他是一個這麼瀟灑的人，對朋友如此慷慨，更別說對員工的厚道；被家族長輩背叛，他認了！但可以想見他心痛的程度，任何人在這麼短的時間內發生這麼多痛心的事，想不憂鬱也很難吧。

「人生如大海，不可能永遠無波無浪啊。」我叨念著，內心也跟著波濤洶湧。

「現在還喝酒嗎？」我暫時轉了個話題，緩解一下氣氛。

「當然，喝紅酒和威士忌。」他笑了。

「好喔，下次一起喝。」我也笑了，接下來兩人說說笑笑，看他心情好一些，我問他，「過程中對你而言，最艱難的是什麼？」

「面對問題後的放下吧。」他歪著頭想了很久，冒出這句話。

「這一段時間才知道生命的價值跟意義，不轉念會過不去的，只有面對才能放下。」他停了會兒，皺著眉說，「但我後來再想想，面對，只能讓問題消失，但累積的情緒沒有消失，如果不是真的放下，應該就過不去了。」說著說著，他的神情也從痛苦、傷感到釋然。

以不同的回應重構世界

面對問題後，他選擇放下。放下面子、放下批判、放下想要快速反轉一切的期待、放下一切所能放下的，同時他發現焦慮、哀傷、憤怒……竟然也慢慢的被放下，直到完全消失。

「真的太不容易了。」我看著白了頭的他說。

太多人在漩渦裡跳不出來，但除非自己想改變，否則任何人去拉他一把，可能也會被拉下去吧，改變其實不複雜，卻很艱難。就是真的把自己放下——**情緒清空、人輕盈了，慢慢沉到底就脫離漩渦了**。

「你想改變的動力從哪裡來呢？」我繼續問他。

「沒想過耶。」他又歪著頭，想了許久才吐出一句，「傳承吧。」

「傳承？」換我皺眉頭了。

「公司啊，總要有人可以接，對員工才有交代。家啊，也要有人可以接，對我逝去的爸媽跟我的兒子也才有交代。」傳承，讓他用另一種眼光看待一樣的情境，有了截然不同的回應，而在這個不同的回應中，他也重構了自己的世界。

放下自己，專注利他

很多事並不複雜，要做到卻又艱難，例如真正的領導，要從放下自己開始。當領導人擔心自己會看不清楚，而將焦點轉向對他有意義的人事物身上，以從更高的維度縱觀全局，就是**放掉跟自己負能量的格鬥，因為跟影子打仗是不可能贏的**。

讓自己混入黑暗，並無法驅散黑暗；只有利他，才能從情緒的泥沼中脫身，回歸領導人的責任。你會發現，也只有先放下自我，專注在利他時才可以將能量集中並提升，輕盈的帶領團隊再度展翅高飛。

20

記得他的好

這幾年我有一個學習，就是想辦法看到同仁的好。

我一開始坐上主管的位子，也覺得自己最厲害、什麼都行；沉澱多年後，我漸漸發現其實不然。自己累得跟狗一樣，同仁也不見得開心，所以我開始花很多心思找尋同仁們的好，激發他、肯定他，因為有許多人連自己有多好都不知道。

「**下君盡己之能、中君盡人之力、上君盡人之智**。」（韓非子《八經》），這是在說，普通的領導者，只會用自己的力量；中等的領導者發揮大家的能力；最高明的領導者卻能激發出每個人的智慧。

一個領導者要「盡人之智」

有位同仁，剛加入李奧貝納第一年，我們對彼此都不太滿意，他是活動高手，但這不是公司的業務重心，他也覺得沒有施展空間、沒有舞台，在公司裡奄奄一息。

後來我轉念一想，他優雅，有學問又很會說話，而我很沒時間，為什麼不讓他代替我去接觸新客戶？

就這樣幾次下來，我教他一些應對客戶的眉角，他變得很厲害，對外溝通分毫不差，愈來愈有自信，不但說得比我更好，也把客戶服務得很滿意，案子愈做愈多，他開始走路有風。這就是一個領導者要「盡人之智」。

說再見，也要想著他的好

和同仁說再見也是一樣道理。

有個同仁能力非常好，但就是無法與團隊合作，大家抱怨了好幾年，我也和他談了幾次，他想改但就是改不了。我問自己：「他待在這裡是不是還有進步空間？

還是到陌生地方比較有可能修正？雖然他離開會造成我很大的困擾，但若他能突破，也是好事一樁！」

最後，我忍痛讓他離開。很高興他現在自己創業也做得不錯，若大家有緣，搞不好哪天他可以回來領導李奧貝納。

如果我的同仁是被別人挖角，去的地方也不錯，而不是故意要搶客戶、逼業績，我一定拍手祝福。

有個同仁的新東家只給他加薪二〇%，我跟他說：「不夠，再談！」因為我知道這個同仁在新的環境值得加薪五〇%呢！

於是我跟他說，現在是對方需要你，薪水你一定要好好談。

即使有些人離開，我仍想著他們的好，並且很開心能幫到他們。

有時也要捏大腿忍耐

不過，**記得他的好，有時也沒那麼容易**。我也常常被那些兔崽子氣到，很想把他們「巴下去」，但我都在捏大腿忍耐。

之前，有位實習生來我們這裡兩個月，因為表現不錯轉正職。結果，做了一個月，同仁居然把她資遣了！我三字經都要飆出來了，同仁小心翼翼的回我說：「那不然……叫她回來……好了……還是？」

天啊，一個傷害，還要劃好幾刀！

這件事讓我氣得要死，但我仍然告訴我自己，要看到同仁的好，要忍耐，要耐心等他們成長，希望他們能在這些過程中學到更多的經驗。畢竟沒有同仁，也不可能有今天的我啊！

21

幫忙，還是幫倒忙？

「來，我來幫妳夾……」當菜端上來時，朋友很熱切的說。

「不用，不用，我自己來……」我還在揮手時，盤子已多了好幾塊肉，看著我不喜歡吃，也吃不下那麼多的肉時，心裡挺沮喪的。

這次我右手腕斷了，有一個很大的感受，就是每一次我在吃東西的時候，旁邊的人就會說：「我幫妳切，我幫妳弄，我幫妳……」心裡是真的很感動，也是萬分感謝。

只是我很清楚，如果做什麼事都要人家幫、人家弄，我自己一個人的時候該怎麼辦？我何時才能學會用左手自在的吃東西？

主管與菜鳥的互動技術

我就想到我平常看那些主管和菜鳥的互動，主管請菜鳥做一些事時，他們也是做得很不熟悉，然後主管在旁邊就會忍不住的很想去幫他。但你會發現，**幫他一次，他學習的速度就會慢一次**；慢慢的，他的學習意願就會降低。學習意願降低以外，他的依賴性也會變強，也因此，他就永遠學不會。

後來我又發現一件事情，就是我不習慣用左手拿筷子，但是勉強用右手拿湯匙的時候會抖，拿不起來，食物也容易掉下來。要不然就是整個人幾乎要趴下去遷就食物，總覺得自己吃得很拙劣，旁邊的人也看得很痛苦。

這時就知道要主管在旁邊看，忍著不幫忙有多麼的為難與煎熬。

疼痛、忍耐的意義

眼睛要盯得緊，又不能出手！在這種情況下，主管的神經要繃得更緊，稍有狀況可立即救援，又要確保沒有造成致命性的損傷，其實比自己做還要辛苦十倍！

但也因為如此，菜鳥得以成長，主管得以被往上抬升。

學習的過程是一定要付出代價的，不管是時間，或是過程中的忍耐與試錯。

但也因此，當我看到我的左手可以簽名了，新進同仁可以獨立作業了，小主管帶著團隊熬夜完成的報告讓客戶拍手叫好了，年輕的創意幫客戶帶來生意了……這些成果都讓痛苦、忍耐、疼痛，有了深刻的意義，更讓那段過程在人生中被深刻記憶。

出手與放手之間的智慧

出手、放手之間關係著雙方的默契與信任，更顯出主管拿捏分寸之間的智慧。

我很感謝過去忍著不出手，讓我透過犯錯來學習的主管，更珍惜現在這些努力學習、不怕出醜、自我鞭策、愈挫愈勇的年輕同仁，而公司與個人就在一個盯緊卻放手，一個努力學習之中往前邁進、一起成長。

22

能在保溫箱待多久？

「好了，老闆我已經把 Carol 安撫好了，她應該會留下來，不會提辭呈了。」

Charles 旋風般的進來我的辦公室。

「這幾個禮拜我花了好多心思在這些隊友身上，都感覺好像是他們的保母。但無論如何，至少暫時讓他們開心的留下來，我們也不用再急忙的去找人了。」他坐下來還來不及喝口水，就繼續接著講。

「Charles，你先喝杯水吧！要不要喝杯咖啡？」我問。

「不用。」他答，看起來眼角、嘴角都是笑意。

「Charles 啊，這些人你都帶多久了？」我繼續問。

「大概有三年的、有五年的。」他回答。

「那你應該是覺得他們不錯，所以才會這樣安撫。」我說。

「是啊！但是這也沒有辦法！現在的孩子都需要陪伴，而且要不斷的去表達他們的重要性，讓他們知道自己的價值。」他的語氣透露出中階主管的無奈。

「當然，最難的還是時間的分配，因為只要一兩個禮拜，就要聽他們發一下牢騷，陪他們度過，這樣才能夠讓他們覺得自己是被重視的。」他終於喝了口水，緊接著補充說明。

「這是你自己想要的方式？還是你覺得他們要用這樣的方式，才能夠開心的留下來？」我笑笑問說。

「我也不願意這樣做呀，這樣很累耶！」他看著我，表情開始有點不太開心。

隊友只能在旁邊仰望，不是好事

「你到底要把孩子放在保溫箱多久呢？」我說，沒有錢你就給錢；不如意你就陪他哭；不會提案你就自己站出來。如此一來，你的隊友就只能在你旁邊看，當啞巴，然後帶著崇拜感激的眼光望著你，對你而言那就是最美的回報。可是你沒發現，這隱藏著「最殘忍、隱而不見」的深水炸彈嗎？

因為什麼事情都只有你會，東西只有你知道，客戶只有你可以應對，那他們當然找不到自己的價值啊！也難怪一直需要你來安撫他們啊！

沒有一個會騎腳踏車的人，在學習騎腳踏車的過程中沒摔過跤。

主管不可能二十四小時陪在他們身旁，或者每個禮拜定時去安撫他們，這不可能，也沒必要！因為今天三、五個人團隊也許可以，但二十個人的團隊，二百個人的團隊呢？主管就算三百六十五天都不休假，難道也不用睡覺嗎？

給清楚方向和適當壓力

「Charles，你讓他們一直躺在保溫箱而不自知。」我輕聲說。

在這樣的情況之下，他們相信你，所以他們就一直在你旁邊；因為一直在你旁邊，就一直躺在保溫箱裡；因為一直躺在保溫箱裡，所以就沒有競爭力；因為沒有競爭力，他們未來也只能靠著你。

然後呢？當你拖著愈來愈長的保溫箱時，你們要如何快速前進？若彼此互為牽絆，能一起成功？還是一起消失？

面對我一連串的提問，Charles 一時間說不出話來。

我告訴他，這幾年來我自己覺得**最大的成就，就是身旁的每一個人都比我更好**。不管是策略、業務、創意，或者是行政，每一個人在他們的專業上都比我好太多。我唯一能做的就是，當他們來找我的時候我都在，給清楚的方向，但時不時給他們適當的壓力。

甚至很多時候，當他們跟我說，他們需要更多人的時候，我反而殘忍的告訴他們「沒有」。**透過「限制」，反而可以給他們無限的想像力**，讓他們知道這個世界上不可能有無盡的資源，而你仍然要去達成目標的現實。透過對他們的信任（不是放任），反而能去激發出他們的潛能去面對。最終有成就感、有存在感的是他們。

給年輕人一個「練強」的環境

現在年輕人比我們想像的更厲害，他們是數位原住民，他們比我們有彈性，有適應力，有更多的想像力。在這些年輕的團隊前進與努力的過程中，我們不要變成他們的藉口、變成他們無形的絆腳石、變成阻擋他們的無形牆。

我們唯一要做的是，**塑造一個環境，讓他們大膽往前衝**。

在飛越懸崖時，他們信任我們，知道我們會驕傲的幫他們拍手；更會在可能失手時拉他們一把，或是挺身而出。但最終，我們對他們的信心，會讓他們展現出自己從沒發現的自我潛能，進而成為更好的自己。

23

困死局，還是創新局？

「老闆，你知道嗎？Sonia 這禮拜已經遞了兩次辭呈，我告訴她：妳只要再遞一次，我就讓妳走。」Robert 啜了一口酒，然後塞了一嘴的烤鴨，得意的看著我。

「我不要再讓同事對我情緒勒索了。每次都是連環 Call，每次都花我好多的時間。」他繼續說。

「你有多了解 Sonia ？」我提出了問題。

「了解啊！她就是個業務孤狼啊，沒有辦法和別人合作啊！但是呢，很會賺錢！別人花兩天做的東西，她半天就做好了，而且錢算得比誰都精準。」他一邊說，一邊伸手又挾了塊烤鴨。

你有多了解自己的部屬？

「過去前幾年她在做什麼？」我繼續問。

「就在別家代理商啊！」他回答。

「那你一個禮拜大概花多少時間跟她在一起？」我又問。

「看吧！其實我也沒特別花時間在她身上，因為有事她就會找我，一直call我啊！」他說。

「沒有她，你會怎樣？」我再問。

「挺頭痛的，她是一個不可多得的人才。」他回答。

「那你為什麼要把自己與這個不可多得，甚至是不能取代的人才的關係困在死局呢？」我問他了最後一個問題。

「我不懂耶，什麼叫困在死局？」他歪著頭，不解的問。

為何要把好人才推出去？

「你很清楚，她常常對你情緒勒索，代表她跟你提辭職也不是一次兩次了，你告訴她只要再提一次，就讓她走。可問題是，如果她下次又衝動遞出辭呈，你能接受嗎？如果你衝動的接受了，就放走了一個不可多得的好人才，而且她走了，你也不一定能馬上找到取代的人。

也就是說，你對她再遞一次辭呈的承諾，履行不是，不履行也不是！這不是把你們兩個都放到死局裡嗎？」我告訴他。

「老闆，那要怎麼辦？」他囁囁的問。

看著那一口烤鴨在他嘴邊吞不下去，知道他心裡有點慌了，而我自己也陷入了沉思。

帶人真是個學問，他這些錯，我以前都犯過。

現在想想，人性其實差不多。人走的路，從更高的角度來看，差距性也不大。

「Robert，你要想清楚，這個人你要不要留？留下來你要怎麼合作？要留，有要留的做法；不留，也有不留的做法。

不留，你就照你現在的方式做，反正她動不動就會威脅要離開，所以對你來講，你沒有什麼壓力，就是等著她遞辭呈，但你要清楚這是你要的結果嗎？重點是，你要怎麼留她？要怎樣才讓她根本不會想要離開，這才是你最應該花時間思考的。」我回答。

或許是點出了他沒想到的層面，他並沒有說話。

「Robert，你覺得 Sonia 快樂嗎？」我看著他的眼睛詢問。

「不知道耶，有時候看她好像開心，可是每次跟我在一起呢？她又是抱怨這、抱怨那的……」他回答得不是很確定。

部屬不是來「求」你的

「那你覺得她為什麼留在這裡呢？你連她開心不開心，或者為什麼留在這裡都不知道，你拿什麼留她呢？從頭到尾你只想到你要的，根本不想知道她要什麼？甚至從來沒想過要了解她，想的都是自己。你覺得屬下都是要來『求』你的，是這樣嗎？」這一次面對我的提問，他完全沒有回答。

「對我來講，沒有你們，我也沒有今天，常常被你們K或抱怨，為什麼我可以接受呢？因為我知道在K老闆的時候，你們最爽，所以我只要保持我能接受的底限就好。」我接著說。

「跟同仁在一起的時候，我看的是這個人最好的是什麼？如果有不足，我找誰來補？所以現在這個課題，我沒有辦法給你答案，雖然我知道怎麼解。

Robert，你一定要釐清自己想要什麼結果，免得明天她跟你遞辭呈，你又撞牆，不知道接還是不接。記得啊，**永遠不要把自己困在死局，更不要自己製造死局！**」

說完，我幫他倒了杯茶，而他則陷入了深思。之後，面前的那盤烤鴨，他一口都沒有再動過了。

領導是讓人們信任你

每一次面對問題，都在刺激著我們成長。成長的過程肯定常常受傷，但透過受傷，我們學習到如何不踩同樣的地雷。

當你帶著傷往前走了一步，或往上爬了一個階，成長因此而生。

但是當你愈往上，請記住，領導不是耍權力，也不是搞崇拜，更不是給天威！**領導是讓人們信任你——相信你可以帶他們去一個更好的地方**，提供一個他們的潛力得以發展得更好的方向，以及給他們的人生一個更好的激發，讓他們能夠因為你，而成為一個更好的人。

這就是領導能夠做的最美好的事了。

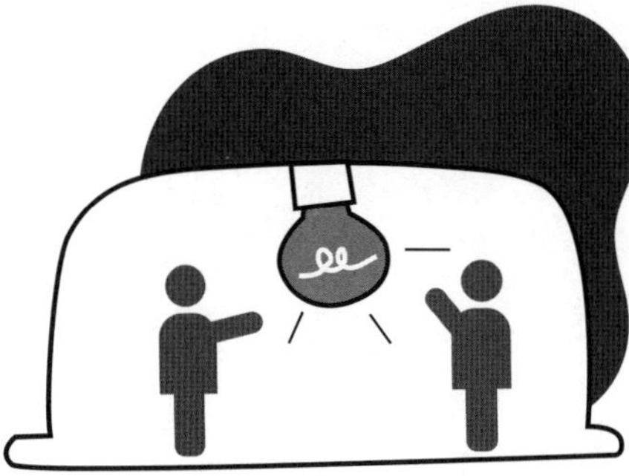

24

隨身攜帶「漢隆剃刀」

「我跟你說，我就是沒有辦法接受啦！」

即使隔著門，我還是聽到外面鬧哄哄的。

問了一下秘書現在是什麼情況，才知道業務副總正在罵他的 one down（一級部屬）。我搖了搖頭，心想多一事不如少一事，告訴自己還是別插手的好。沒想到，第二天我就看到業務同仁遞上來的辭呈。

我趕快請副總上來一趟，問他說：「還好嗎？」

副總臭著臉，頭低著不講話。

我可以想像他的心裡也不太舒服，得力助手被他一念就提辭呈，這個經驗我以前可是經歷過許多次啊。

「Joseph，你怎麼會對 Sean 發這麼大的脾氣呢？這兩年你對他的 coach（指導）和夥伴關係就這樣不見了，真可惜！」我平心的說。

「我沒有辦法理解，我已經把信任都交給了他，但他為什麼不回給我相應的信任呢？」看他講得無奈又心痛，我突然間懂了，其實這活脫脫就是個「誤殺」。

彼此的「信任」落差

「Joseph，這幾年你對人的耐性愈來愈好，但有一點你過不去，就是在信任這一關。你覺得你很難信任人，現在好不容易交出了信任，可是對方卻沒有回應同等的信任，這對你來說很不能接受，我可以理解，但你有沒有想過一件事？有可能他已經回應了應該給你的信任，只不過東西並沒有達到你的標準而已。」我說。

「怎麼可能？他之前幾次企劃案都寫得那麼好，這一次根本就是亂寫。」對於這件事，他還是帶有情緒。

「也許他那幾次寫得好，是偶然中迸發出來的亮光，但實質上他還沒跟上，這次的企劃案才是他的正常發揮。所以表現出來的結果就是：他在努力的成長中，但還沒有到一個穩定度。」我繼續說。

良率不足，造成「誤殺」

「這麼說好了，人在學習過程中，偶爾有一點亮光，但很快就會回到原先的狀態。持續學習一陣子後，亮光次數愈來愈多，慢慢穩定，最後達到幾乎完全穩定的產品輸出，這就是製造業在講的『良率』。

雖然『良率』是製造業的用語，但在服務業也代表服務品質或產出的穩定度，這是一個學習與升級的過程。Sean 的情況，可能就是良率還不足。」聽了這話，他微微的點了頭，表示明白。

「但如果你沒有辦法把事跟人分開——你覺得他給你的『東西』不夠好，就表示『他』辜負了你的信任。這句話真的太沉重，對他來講就是『雙殺』。第一，他真的努力了。第二，他沒想到已經努力了，卻還是沒有達到你的期待值。辜負了你對他的信任，他的內心已經很愧疚了，還要被大聲斥責，你覺得他會不提辭呈嗎？

第三，培養這麼久的人才離開，對你而言過去的苦心也白費了。這個『誤殺』是你、他、連公司也賠進去，三輸！」聽完我的分析，他明顯的沒了情緒，多了些許懊悔。

建立信任是「永遠的進行式」

信任和愛不同。愛是全然，沒有條件的付出，單純就是愛；信任是有條件、有層次的，所以信任的建立是「永遠的進行式」。

既然信任是有條件的，我們更要把人和事分清楚。到底這個人是隨便做、沒做好，辜負了你的信任？還是已經努力做出他認為好的東西，但不符合你的標準？這是兩種不同的情境。

尤其是在還沒有建立起彼此真正的了解之前，主管肯定是要負責任的，因為同仁不會知道你的標準在哪裡！像我自己的標準就會因時、因地、因市場狀況，而做出改變。身為主管，你要清楚同仁的努力與用心，當你覺得同仁交出來的東西不好，更有責任讓他了解要修正的方向。

不要把沒有盡力歸為惡意

有個「漢隆剃刀原則」——**更容易用愚蠢來解釋的事，不該歸咎於惡意**。我們都過著複雜的生活，當錯誤一旦發生，常見的反應就是責備身邊最親近的人，假定他們都是惡意。但這個「漢隆剃刀原則」讓我常常提醒自己：這世界上真正的壞人比你想像的還要少，**沒有人想要把事情弄砸，千萬不要把沒有盡力，歸為惡意**。

所以，下次又對同事生氣時，記得拿出「漢隆剃刀」，先幫自己的腦和心刮一下。把人和事分開，提升隊友高品質產出的同時，也讓隊友再次感受到你對他的信任。這樣不但肯定三贏，相信你也會對充滿善意與智慧的自己感到驕傲。

25

不要開錯戰場

「你們在哪裡？我已經在客戶大廳裡等了二十分鐘。」我很焦急的叩業務人員。

「在公司，我們現在『馬上』就出門！」業務人員連忙回應，結果那匹「馬」的腳都跛了，開會前五分鐘他們才匆忙趕到。

壓著怒氣，回到公司，我了解狀況。

原來是創意人員生氣了，不願出門，業務人員不斷安撫他的情緒。

真是太棒了！竟然可以把個人情緒、官僚氣息無限上綱。這還是我參加的會議，如果是我沒參加的會議，業務人員大概更慘吧？業務人員的處理方式也是讓我匪夷所思，無法判斷事情輕重，寧可得罪客戶，也不敢得罪內部人員！

而我，是那個最應該被檢討的人，怎麼會讓公司有這樣的氛圍？

位階愈大，責任就愈大

這一陣子我花了很多時間協調部門之間的紛爭，又累又傷神，每一個都是資深主管，聽雙方抱怨彼此，也都各有道理，真是見鬼了……他們統統都對，但就是把事情做錯了。

一級主管不能替公司解決問題，還要我花時間為他們排解糾紛，甚至耍性子，誰都叫不動，只有我出面才願意接工作、去開會，而這些人還以為是給我面子，這真的是搞錯方向、畫錯重點了！

這種沒有專業思考，只有情緒干擾的做法只是突顯了：

一、無團隊精神；

二、無解決問題能力；

三、破壞公司形象，甚至可能造成和客戶的糾紛。

部門之間有不同觀點是可以理解的，公司內部也可以有建設性的衝突，但若讓事情停滯不前，那我就完全無法接受了。位階也代表著責任，位階愈大，責任就愈大，要能預見問題，解決災難；事情停滯時，位階最大的要負全責。

目前這個狀況，位階最大的就是我，我自己要負起責任來面對。

不要打一場沒有贏家的戰爭

任何事都是一體兩面，當公司內部發生問題時，除了自省和修正以外，也是我識別並提拔戰將的機會——能讓事情繼續走，或達成讓客戶滿意的成果，就是有領導力的戰將。

理論上，位階愈大，應該愈有領導力，但我這幾年反而在公司裡看到愈資深、位階愈大的人，反而情緒多，官僚氣息重，常常事情就卡在他／她那兒。或許這就是人性吧，只有這樣才能突顯他／她的重要性與不可或缺。但如果位階低的人，能因此提出創意的解決方案，或學會繞過問題點並圓滿達成任務，就有躍升職級、擴大舞台的機會，或許這也是另一種 blessing in disguise（因禍得福）。

習慣在內部開戰場的人，選錯地點、戰力用錯對象，這種主管多半是對內一條龍、對外一條蟲，就算他／她有世界最頂尖的能力，也無法組成最佳戰鬥團隊，更別說是創造最好的工作結果了。

對這種人來說，最好、也是唯一的戰果，應該是「資遣費」吧。所以，請小心使用你的戰力，確保用對你的能量，千萬不要在內部開戰場，打一場保證沒有贏家的戰爭。

26

是贏得快，還是死得更快？

「執行長，我們總裁看了您的文章，覺得您講的很對，現在世界變化愈來愈快，就算跑得很快，也只能讓你站在原地。如果要繼續往前，必須跑得比現在更快才可以，所以我們總裁希望請您能來公司跟員工演講——『快』的重要和急迫性。」聽到這個邀約，突然我心中一陣無措，臉就紅了。

現在，大概是我有生以來最慢的時候。

前一陣子我的身體狀況不是很好，躺在床上第一次感覺時間慢了下來，一開始還很焦慮，但身體的疼痛確實轉移了我對公事的焦慮。生病期間我一直在想，我是不是一直都誤會了「快」的定義？

速度，就是「快」跟「慢」的唯一解嗎？

以往的「快」，不只是要快速行動，而是要快速的拿到最好的結果。

只求快，卻浪費資源和能量

有些客戶每次都跟代理商說，你就快點給我嘛！其實什麼資料都沒有提供，但就以「你們盡量想！手上有什麼就想什麼」為前提，要代理商快點給提案。

好啦！可能是因為客戶急著要，過了三天，大家人仰馬翻的急著提給他。但過了一陣子他說，這不是我要的啊，你們再去想。

這樣重複個幾次以後，客戶終於發現，原來不是要這個A，也不要那個B，應該是要這個F。沒想到，最後提案給了客戶的老闆，才知道統統都猜錯，但代理商一隊人馬已經隨之起舞了四個月。

客戶，當然可以有權要求，但對於這樣的人要小心，因為他會很容易建立起一個習慣，就是沒有想清楚、沒有方向，也沒有具體目標或主軸，但因為手上有資源，所以他會非常快的行動，也逼著他旁邊的人依照他的行動去做。

只是最後會發現，沒有辦法拿到真的想要的結果，浪費了資源，也浪費了所有人的能量及對他的信任，這樣的「快」是真的快嗎？

快的基礎來自於「定」

沒有基礎的快很容易踩空的，因此我們對「快」應更具體詮釋。快的基礎是什麼？快的基礎來自於「定」。

要怎麼「定」？

一、你有沒有清楚具體的「目標」？

二、你有沒有在老闆或夥伴之間建立「共識」？沒有目標，沒有共識時，跑得愈快，只是讓大家看到團隊分散得愈快罷了。

三、「戒貪」。什麼都做，就什麼都做不好，只有透過「不做什麼」來逼自己把目標弄得更聚焦。而這個「不做什麼」的「戒貪」，對於我這種一生衝來衝去，先做再邊做邊修，講求以快速為最高要求的人，是最為難的，卻也是我今後最重要的功課。

面對模糊的未來，沒有所謂的確定。當所有產業都在努力尋找成長引擎，甚至是維護當前存在的根基時，「快」絕對是成功的指標，但有基礎的「快」才能讓你很快的贏，而不是更快的去送死。

今後我會不斷提醒自己，

快步奔跑時，

先「定」，再快。

27

你的專業，含金或含沙？

「老闆，我這組原本有八個人，但走了一個，財務長又不補人，累得要命……」

「老闆，這些業務實在太不用功了，都是我在幫他們做功課，好創意也賣不掉，我做到都快瘋了！」

「老闆，我客戶經營得這麼好，業績也一直在成長，這麼專業，為什麼不能進決策圈？」

這些同仁的抱怨，我一開始都會肯定他們的專業、鼓勵他們用不同的角度看事情，安慰他們的辛勞。我也告訴自己要思考他們的好：他有策略性思考、他經營客戶有為有守，他創意突出而且非常努力、拚命，才能得到客戶認可。台灣廣告業就是缺這種會做事、八到十二年的業務好手、創意人才。

但是，當公司變大，我的雷達也變大的同時，時間漸漸的只能用在刀口上。

專業只是入門票

最近有一個主管抱怨完，看我沒什麼反應，就加了力道說：「我受不了！我不幹了！」

「你確定嗎？」我靜靜的看著他說。

他愣了一下，理論上我應該安慰他，過去幾年也是如此。

但我最怕三種狀況：不聆聽、擺臭臉、開口就是抱怨。當他集點集滿，我就放手了。再專業的人犯了上述毛病，絕對會在四十歲上下碰到天花板。

他的專業斷了他自己的路，專業讓他有恃無恐，專業讓他關了耳朵，專業讓他瞧不起別人、看不到別人的好。就算你的專業能幫公司創造價值，一旦老闆需要為你耗費太多能量，公司需要在你身上耗費太多資源，再多的專業也會忍痛捨棄！

畢竟找人取代你，只需讓老闆麻煩半年、一年；留你卻要讓老闆煩惱好幾年。

當性情跟不上才情時，原本含金量高的專業，就在你的性情中化為一堆沙，讓你成為帶有高含沙量的專業人士！

你是問題解決者，還是製造者？

會進入公司核心的人，哪一個不是一路打上來的？但專業只是基本、只是入門票。他的抗壓性高不高？會不會三不五時就爆發情緒？在沒有資源、沒有支持、甚至沒有鼓勵的情況下，還能不能使命必達？在公司是創造正面的、積極的氛圍？還是抱怨的啟動者？若是遇到事情只會問對錯，無法解決問題，甚至擴大問題，這些人都很難成為核心幹部。

每個人所處的位子都會有問題，你能解決愈多複雜的問題，你的價值就愈高，這也是專業經理人存在的價值。所以若要進入核心，只要思考：你是讓老闆放心、安心的「問題解決者」，還是讓老闆煩惱、花時間的「問題製造者」？

28

你要在乎誰？

「請問執行長，當您在演講時，碰到有人打瞌睡，您會如何？」好問題！我以前演講時看到有人睡著，都會很沮喪，而質疑自己講得不夠精彩嗎？有時我還會努力的、特別的、看著那些打瞌睡的人，期待他們醒過來。

當年紀稍長，愈明白演講的目的是分享後，我逐漸不在乎那些打瞌睡的人了。

你無法取悅所有人

演講時，一定有人喜歡我的觀點，打開心胸聽我說的話；也有一些人不見得相信，但至少願意聽；但也有一些人，可能覺得我講得不夠精彩，或對議題沒「Fu」，那我該花心思去把那些人叫醒嗎？

我不會，我從來不相信在一場演講中我能取悅所有人。

時間有限，我會**花心思在那些相信我、打開心胸、願意聽我講話的人**。跟他們有眼神交流，讓他們感受到更多我的熱情，並且把我的觀點闡述得更清楚。

騰出彼此信任的空間

同樣的，如果在公司裡，你花大把時間去說服那些打從心底不相信、或沒有辦法去理解的人，難道你還會期待三年、五年後，他會突然「砰」的一聲說：我了解了，我相信了？

與其讓他們做他們不相信的事，或者他們沒有辦法理解的事情，還不如早點放他走。你不應該花時間跟那些人玩遊戲，也不要浪費他們的生命。

更重要的是，你可以讓公司騰出一個空間，而這個空間是一個彼此信任的空間，而不是給他機會在沒被你說服的情況下，影響周遭更多的人。如果情況變成這樣，對彼此都是生命的耗損。

我們很容易，也習慣於忽略那些對我們好、給我們無盡支持的人，因為我們認為他們會「永遠」支持我們。然後，卻把資源放在怎麼樣讓不喜歡我們的人變成喜歡我們，最後演變成會吵的有糖吃，這樣支持你的人還能撐多久？

領導人身邊要有兩種人

一個CEO要領導一家公司前進，身邊要有兩種人。

一種人是相信你的夢想、**願景**，他知道在你的願景裡面，也涵蓋了他的夢想，所以他會努力想辦法達成，過程中他也實踐了他自己。

另一種人呢，**可能不了解**，**也沒辦法去想像你的夢想**，**但是他相信你這個人**，他知道自己可能跟你在不同的維度，但因著對你的信任，所以他會拚死命的去把你想做的事做到好，甚至執行出來的品質和結果是超越你想像的。

沒有這兩種人，公司是不可能往前進的，這些統統都是透過彼此有相同的願景，以及最起碼的信任。

人一輩子能匯聚的資源、能量都很有限，**要把你的資源、能量放在相信你的人身上**，讓他們發揮最大潛能並因此更上一層樓，不要把他們對你的信任，變成被你忽略的原因。

去在乎那些在乎你的人！你所投入的資源、能量，才能發揮槓桿作用，讓效益極大化。

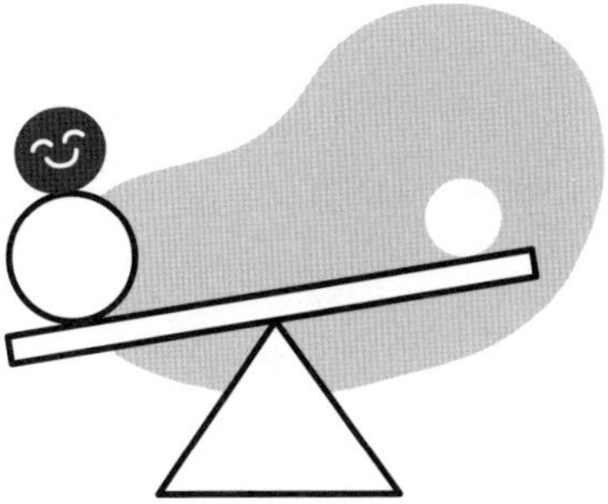

29

你是公司的瓶頸嗎？

「執行長，我們公司的總經理剛離職，老闆叫我接總經理。可是我們公司業績已經連續兩年下滑三成，我現在不知道該怎麼辦？你覺得我是不是該想辦法來提升員工士氣？還是您有什麼其他的建議嗎？還有，老闆也沒和我談薪水，您看我要問他嗎？」一個以前合作過的客戶，一口氣問了我一連串的問題。

「你有多想坐這個位子？這公司還能活嗎？產品線你可以調整嗎？老闆會給你多少時間？」我回丟了一大串問題，就是沒有一個要他去提升員工的士氣。

「我老闆負責的大中華區，大陸、香港都有成長，就是台灣不好做，我進來公司已經四年半了，從來都是兢兢業業，但台灣市場競爭實在很激烈。說不想坐那個位子是騙人的，但是前任總經理拚了三年都沒做起來，我懷疑自己是否可以勝任……」他坦承說出心中疑慮。

和老闆確認「好」的定義

「重點只有一個，你有多想坐這位子？想坐，就不要花時間懷疑或擔心，而是要想如何做『好』？但前提是，你要先跟大中華區老闆確認『好』的定義是什麼？」我告訴他。

「想清楚一件事，如果公司業績是不斷在下滑的，就像廣告公司因為客戶不斷的流失，所以你不斷的去比稿，但比稿有太多變數，若前三個案子比不進來，那士氣下滑絕對是可預期的。如果我是員工，也會沒士氣呀！

所以身為領導，怎樣趕快**去做一件事情，來呈現你的理念跟價值觀，然後做出一個具體成果**，讓這件事情來帶動員工的凝聚力，士氣就會慢慢從他們的努力中升起。」我繼續說。

「第二，你更不用擔心老闆要不要加你的薪，因為市場是供需原則，就是看誰需要誰？這個時候他想加你薪水也加不了多少，他會告訴你公司有多艱難，他能加你多少？三％？還是五％？如果只有這麼少，其實也不用加了。

不如坐下來，問他對這個位子的期待是什麼？台灣公司在你老闆的版圖中扮演什麼角色？他對公司接下來一至二年的期待？要成長，還是要獲利率？或是只要不賠錢，公司存在就好？部門衝突誰定調？你有無人事權？他的手上有什麼資源可以提供你運用？

這些都想清楚了之後再告訴他，做到什麼結果時，你要什麼？」我提醒他，記住，這時候是他求你，談什麼都好談，但白紙黑字寫下來要他確認。等到做出成績，再優雅的提醒他，實現他的承諾。

台灣人太客氣了！覺得開口問老闆問題，跟老闆說自己要什麼，或幫自己爭取什麼都覺得很不好意思。但從沒想過，當你不清楚命題，很難對症下藥！

為自己及團隊爭取權益

第一個釦子扣錯了，下面怎麼扣都錯！不敢爭取，以致你的所得低，而你下面的人只能更低。而且，老闆也不會因為你要的少，就對你少要求，這樣你就會變成團隊和公司成長的瓶頸。

很多外商在台灣的業績可能成長不大，但獲利率都不錯，因為台灣人太容易「歹勢」了。只要老外臉色不好，自己頭就先縮了，但**總經理的收入平平，下面人的收入鐵定更是扁扁**。身為公司領導，你只要專注做一件事情——讓公司有共同的焦點，在老闆的布局中扮演關鍵角色，帶動公司成長。然後，你就可以大聲跟老闆要求合理的報酬。

記住，**你不是為自己爭取，你是為團隊爭取更多成長的空間**。不會為自己爭取的人，也不可能幫同仁爭取權益的。要記住，我們的存在是同仁們給的，一定要讓同仁有合理的報酬與成長的空間。身為領導的你，永遠不要辜負團隊的信任，絕對不要讓自己成為員工往上升的阻力，也不要成為公司的瓶頸！

30

矛盾是個訊號，是心在提問

「老師，我最近覺得工作做的不是很開心。很多時候不同部門同仁會來問我問題，我認為大家都是平等的，所以努力去回答每一個人的問題，但有時卻會影響他們老闆做的決定；這也造成管理階層的一些困擾和矛盾。」一個自己創業的年輕合夥人眉頭深鎖，一臉的不解。

「這個困擾是你自己的困擾？還是其他合夥人的困擾？」我輕輕的問他，他思考了很久才回答。

「應該是我的合夥人吧。」說完，他的眉頭皺得更深了。

「那你們在事情過後，大家有溝通嗎？」

「有的。」他回答得很快，「所以我們也把我們幾個人的分工再談清楚，也都講好了。」

「那這樣為什麼還會有困擾呢？不是都講好了嗎？」我再問。「是啊，不是都講好了嗎？」他自言自語的，重複了三遍。

沒有和自己講好，造成矛盾

看著眼前這個心中有理想，天天都努力實作，南北奔波，但心裡卻不斷的纏繞著工作上的困擾與矛盾的年輕人，覺得很心疼，但也因此有著更大的驕傲。因為這些年輕人不單只是想要把事情做好，也不是想要賺更多的錢，而是真心想創造許多不同於上一輩的工作環境，想讓周圍的人因為他們而變得更好。

「同學啊，你的問題不複雜，合夥人會有困擾，是因為你的『矛盾』造成的。」

他瞪大了眼睛看著我。

「你說你們都講好了，但這表示你只是和他們講好，並沒有和你自己講好啊！」我直直的看著他眼睛，繼續說。

「矛盾」是內心給出的訊號

「你內心並沒有同意這個承諾，這就是你會矛盾的起源。明明已經講好了各司其職，但你內心認為大家都是平等的，所以只要有人問你問題，你就覺得自己應該給意見。

但如果這個結論跟他老闆談得不一樣，同仁就會困惑，你的夥伴也會很困擾，而你更陷入自己所造成的困境。其實你很清楚若這樣一直下去，肯定會一次次破壞創業夥伴之間的信任，也因此，你心裡的矛盾就更深了。

矛盾，其實是內心送給你的訊號。你有多不開心，就知道你的矛盾有多深？這個矛盾在提醒你，在某些思想上若沒有一個主軸或定點，你可能會一下偏東、一下偏西。所以你的心在提問——到底要走東、還是走西？」我意味深長的說，最重要的是要「定住」。

如果不定住，心就會一直在那邊飄搖著、動盪著、難過著。只有真的找到那個定點，落實那個主軸，**在心中形成了一個信念，才有辦法解決掉那個內心的矛盾。**

不讓矛盾成為心中的刺

這讓我想起一個故事——丙吉問牛。說的是漢丞相丙吉外出，看到一群人在打架，他直接驅車過去而不詢問，看到牛在路邊趴著喘氣，吐舌頭，就趕緊要車夫停下來問狀況。

旁人無法理解他的行為，認為他「對人不聞不問，卻關心起牛的事情」。丙吉回答，百姓鬥毆有京兆尹處理，但是現在時節不熱，牛卻喘個不停，怕是氣候有異，恐會影響農事，影響到人民，必須高度警覺，才能做任何可能的準備啊。

這表示丙吉很清楚分層負責、各司其職，才能各自擁有舞台，發揮專長，也因此才更有 ownership（所有權），更沒有推諉的空間。

「所以，你要深深的去注視著那個矛盾，而不是不斷的搖擺。去落實一個主軸，不管你落實了哪一個主軸，是和創業夥伴講好的，或照著你的心走的，都要一直走！這樣就算摔跤了，也才能找到真正的原因，只要沒摔死，總是可以補救的。

最終，那個行動或修正，就會形成你自己未來的信念；但如果你不透過行動，只是一直思考，然後一下子 A、一下子 B，那個矛盾就會形成一根刺，牢牢的刺在你心上，也刺在你創業夥伴的心裡。不動不痛，一動就彼此痛徹心扉。」我這話說得語重心長。

透過矛盾找出真正的信念

隨時聆聽自己的內心。**每一個矛盾都是一個訊號，也是一個機會**，讓你透過矛盾找出真正的信念，建立和你合夥人之間堅定的信任，也才能讓追隨你們的人毫無懸念，大家一起把能量放在公司對外市場的拓展，把能量發揮到最大。

不管你是獨資或合夥，終究是要跟很多人協作，只有「信任」才能發揮最好的結果，甚至創造奇蹟。但**信任具有玻璃心的特質，透明且脆弱**，要非常小心的呵護。你可能小心了十年，可是一次就把它弄碎了，就算黏起來，也是傷痕累累。

合夥生意要長久，更要**有清楚的共同信念，才會有一以貫之的行動**，因此累積起別人對你的信任才會扎實，而這份信任會回來強化你的信念，形成正向循環，反之亦然。身為領導，責無旁貸，現在就回應你的內心，啟動正循環，公司會產生一股強大的動能，在艱難的市場裡快速往上成長。

31

請人離開的起心動念

「最近常常碰到要請人離開的問題，不知道要怎麼處理會比較完善？」一個同學問我。

「我也常常碰到這種問題，雖然已經創業快十年了，對我來說還是很困擾。」我還來不及回答，另外一個同學就趕緊搶著回應了。

人不可能獨活，而有人的地方就有江湖；人和人之間的關係，有的純粹、有的複雜，交織起來就是一張無邊無際的網。雖說抓事情要抓出源頭，但「人」畢竟不是「事」，人是活的，分分秒秒都在變化，而同樣的人在不同情境，對應也會有所不同，真的很難用三言兩語講清楚。

請人離開的信念

面對人事，可以掌握的，也是最重要的、就是「請人離開」這件事情的「信念」是什麼？

「當然是希望大家好聚好散」、「希望留下來的人不要有錯誤的解讀」、「不要影響士氣」、「不要有法律糾紛」、「不要在臉書上罵公司」……幾個同學七嘴八舌的討論。

「那是期待，不是信念啦。」我看著一群年輕CEO，笑著提醒。

「老師，你一定有很多經驗，可以跟我們分享嗎？」一個同學舉手發問。

我的思緒飄到久遠以前，第一次請員工離開的時候。

當時的我很緊張，趕緊詢問了國外總部的人資總監，也很擔心自己誤判，更擔心傷害了對方的自尊。也因此，我建議的資遣費，除了最高上限以外，又用了一些名義再提高了許多；至於溝通語言，也都跟人資練習了好幾遍，但真正面對時我還是很緊張，而結果是對方很不能諒解，到最後一毛錢都不要就走了。之後，我有將近半年的時間都很難過，一直在思考到底是哪一個環節出了問題？

對於「產出」的價值認定

每個人要的東西都不一樣，有些人要舞台，有些人要公平。**「請人離開」的理由也有百百款，但很多時候都是因為認知不一致**，根源在於經理人和工作者對「產出」的價值認定不同。

才剛來沒多久的新人，被視為「不適任」；待在公司很多年的老鳥，被視為「沒有與時俱進」，都是因為經理人和工作者雙方的期待值不同。若是越過了死亡交叉，經理人自然會認為是「over pay」（超額報酬），有這個想法產生時，隨著時間一天天過去，會愈看對方愈不順眼，甚至在工作上雞蛋裡挑骨頭，

但此時同仁卻不一定會知道，只覺得上頭處處找麻煩，而彼此之間打了心結，後面就很難善了。因為，**就工作者的角度來看，不會有人認為自己拿太高的薪水，而是認為自己談到了一個很好的條件**。所以我認為，除非是誠信的問題，否則不管同仁是「不適任」，或是「不與時俱進」，責任都在經理人的身上。

如何幫助他更成功

對於人事，**我個人最重要的信念，就是「如何幫助他更成功」**。

因為這個起心動念，所思所想的都會是：如果他在這個位置不合適，那是為什麼？他要做什麼才能更合適這個位置？公司還有沒有其他的位置對他來說更合適？

如果思來想去都不合適，那也必須用誠懇、透明的態度讓他知道，在這裡他的未來發展空間不大。如果可以幫他推薦、轉進最好，如果不行，也要讓他知道以後要進入類似我們這樣的公司，哪裡還需要補強？

只有在「幫助他成功」的前提之下，才能讓他感受到善意，雙方也才能夠有一個共通的交集點。更重要的是，其他同仁也才能夠感受到那份共生共榮的初衷。

一個人的被離開，不可以是他悲慘人生的開始，應該是互道珍重之後，個人和公司都能有不同的學習與成長。

32

困擾你的是思維，不是行為

「執行長，不知道妳有空嗎？我想找妳聊一下。」一個很久沒有聯絡的企業老闆突然打電話給我，讓我嚇了一跳。

「這次疫情讓我公司的業績掉了很多，趁著這個時候我好好的想了一下，發現管理人不是我的強項，可是我又花好多時間在內部做管理。偏偏我又想要多幫助別人，所以同時也在做那些公益的事，公司管理顧業績，管人還要做公益，這些事情讓我覺得頭好痛哦！所以就想來問一下執行長，這方面你怎麼看？」他說出心中的困擾。

「其實，困擾你的不是你的行為，而是你的思維。」我想了想，繼續說道。

「第一，你認為經營公司是為了賺錢，而做公益是做好事。在內心裡，你認為這兩者是有衝突的，這樣好像有點窄化了『做好事』的意義，把企業經營得好，讓員工成長、有好的報酬，然後讓他們發揮能力，給他們有更大的舞台，其實這是另外一種形式的公益耶！」我回憶起十幾年前，曾經跟一個我長期資助的公益團體說，「真不好意思我現在只能捐錢，等我比較有時間，就可以來這裡當志工了。」

沒想到，對方連忙跟我說：「千萬不要！你捐錢給我們，比來我們這裡當志工可能幫助更大。」

我愣了一下，好像也對耶！以我的個性去當志工，搞不好不見得能夠幫上人家更多的忙，還不如我捐一些錢，讓人家找到好的志工，然後把公益的事情做到最好，可能還比我自己去做會更好。

許多人把「賺錢汙名化」，但事實上賺錢是因為你有價值才能夠賺到錢，經營公司能夠賺錢那更不得了，這表示你不但能夠創造你個人的價值，還能幫員工或社會創造價值。

到最後只要你做的事情是對社會有益的，它本身就是一種公益，更別提你還把你創造的價值，與其他人或是團體分享了，所以千萬不要汙名化「賺錢」這件事情。

角色變了，想法也跟著變

「第二，你說管理不是你的強項，會不會是你對管理這件事的想法與做法，沒有隨著你在公司角色改變而改變？

記得二十年前我剛進李奧貝納，我跟老闆說，我就負責幫你做業績，人的事情我不要碰。沒想到後來我升上來，每天都在處理人，出差回來就看到桌上一堆辭呈，我都快崩潰了！

後來我想乾脆釜底抽薪，開始花心思在同仁身上。前十年真的快把我整死了，可是突然有一天，我發現當人對了、順了，事情自然就好了。所以，後來我總在想要怎麼樣去找到對的人，給他們舞台，讓他們的潛能發揮到極大，然後我發現自己反而能做更中長期的規劃，以及和客戶建立更緊密的夥伴關係。我才發現，原來管理是隨著你的位置改變而改變的。

你說管理不是你的強項，那麼困擾你的絕對不會是你的行為，而是你的思維。當你認清楚了你現在的角色，把重點放在找對的人，給他適當的舞台發揮能力，然後犯錯的時候記得他的好，離開的時候也想著他的好，最終你會建立起信服你的團隊，你也會因此而進階到另一個不同層次的挑戰。」我對他說。

經營好企業如同做公益

其實，我想告訴這位老闆的是，最終要問自己：自己的夢想到底是什麼？不要去拘泥形式，如果你最終是想要幫助他人，那麼開公司賺錢肯定也是做好事啊，給年輕人機會、給同仁舞台、讓公司成長，讓更多人因為你的公司而獲利，因為你的公司而有成就，這當然是做好事！所以經營好企業與做公益，講到最後其實是同一件事情。

你是想全職做公益，還是想經營公司賺錢？這兩者是不同的思維，或許想通了，就會發現獨一無二的你，可以同時在兩個世界歡喜自在，快樂的悠遊其間！

33

為什麼公司都不愛投資年輕人？

「我知道人才很重要，但人才在哪？」一位產業大老在微解封後很急切的找我見面，劈頭就問我對產業的看法和人才難尋的困擾。

我跟他說了幾個觀點後，他回我說：「瑪格麗特，我同意人才是關鍵，但是在台灣就看不到好的人才啊！」

「理論上，人才不太可能用『看』的，不是嗎？！如果用看的就能看出是不是人才，那你就是大神了！」這位大老嚴肅的看著我，根本沒搭理我的冷笑話。

「其實每個人都是個人才，只是看你把他放在哪個位置；我認為，這件事情最重要的是你的相信。如果我們相信人才很重要，就會把這件事情當做很重要的事來做，而不是還沒找到人，就說看不到人才，就開始埋怨、想放棄。

很多時候，這匹千里馬可能會被人當成驢子，肩負一堆重物幫忙搬運，或是正在田裡忙著耕作，甚至在院子裡努力磨豆子啊！」我只好繼續解釋。

「你看看台灣，為什麼給年輕人這麼低的薪水？實在是因為找不到人才啊！」大老持續抱怨，提出他的觀點。

「如果像您這麼有能力、有資源、有人脈、有平台、享有財富自由的人，都沒有辦法讓年輕人看到希望，給他們因為犯錯而學習成長的機會，鼓勵他們挑戰各種不可能，創造無限可能，這樣不只是對台灣，甚至對全世界也是個遺憾啊。」我笑笑的說。

給予年輕人「試錯」的機會

「瑪格麗特！」大老突然點名了，我還以為他要開始發飆。

「我不是不同意你的看法，我也覺得這些年輕人的薪水很低，也納悶為什麼公司普遍不願意投資年輕人？！就像《時代》雜誌說的，海嘯來的時候可能統統都淹死了，我們總要先讓自己活下來，才能夠想怎麼救人嘛！所以，你不能這樣拐著彎唸我啦！」好加在，他的回應並不是真的生氣。

「董事長，您說的我百分之五百同意！我記得有這麼一句話：弱者對弱者而言，是沉重的負擔，但弱者對強者而言，卻是快樂的責任。」我冒著可能會惹大老生氣的風險繼續講。

「今天公司經營的獲利表現好，我們就該給年輕人多一點薪資或者多一點機會，而且是『試錯』的機會。

特別是，給他多一點薪資時，你已經做到兩件事：

第一，你肯定他的努力，並且期待他未來才華的顯現。

第二，很重要的一件事情——信任，其實你**願意先給予，就是信任的開始**。

做了這件事後，有兩個效果會浮現出來；你永遠不知道哪一個人會是千里馬？但很肯定的，只要是千里馬，都會想要過來你這裡、為你效命，這樣CEO最重要的責任——相信人才、吸引得到人才就達成了，面對未來的不確定，你將更老神在在，因為得人才者，得天下啊。」這一次大老聽完我的觀點若有所思，竟然微微的點了點頭。

每個人才都從基礎開始累積

其實，每個人都是人才，就看你把他放在哪裡！

你花費最多的時間、精力、資源，去識別、尋找、吸引那些人，然後給他環境、挑戰、支持，最終轉化成對他的相信與肯定，他就有機會成為那個人才；而不是找了一個一百分的人才進來，極盡可能的折磨他，把他變成六十分以後，請他滾蛋。

每個人才也都是從基礎開始慢慢累積的，人才不是在某天突然變成人才的，如果有，那個叫做「天才」，就算天才也要持續強化啊！人才是在不斷挫折和磨練的過程中，去發展、堅持、走出一條屬於他自己的路，**沒有人生下來就會是什麼樣的人才，路沒走完，任何人都不該放棄！**

最可怕的是，很多企業把千里馬拿來耕田、磨豆，然後請人家滾蛋，還要嫌他不行。你叫鯨魚爬樹，要老鷹不吃、不喝、不休息飛三百公里，很難吧？！

我記得有一個藝術家說過：「他並不是靠創造藝術接高價的案子，而是靠著接高價案子創造更多的藝術。」你給的薪水低，說他是驢子，他吃少做多，然後沒事還要被抽幾下鞭子，怎麼可能變成千里馬呢？即便生下來是千里馬的體質，活活被你當成驢子，到頭來也會變成驢子的身體死掉，而且是死在你手上。

相信每一個人都是人才

「董事長，你今天有這樣子的規模，也是因為你過去吸引到很多人才，才能創造出這樣子的規模啊，如果你能吸引到更多年輕的人才，才有機會在未來創造出超乎你想像的不同局面。

我很幸福，我身旁的每一個人都比我厲害！我相信每一個人都是人才，給他超越期待的薪資，給他艱難的目標，給他全然的信任，他會展現出他的潛能，讓你知道你的眼光是對的。如此一來，你就會有用不完的好人才。」一語畢。

沒想到大老聽完，嘴角竟然掛著微笑。希望台灣又多了一家願意投資年輕人的企業。

34

尊重年輕人的追求

「執行長，我們公司的年輕人下了班就回家，都沒有想要再多做一點，還有人下了班去街頭跳舞，我都不知道要如何跟他們溝通……」最近我在演講時常被問到，現在的年輕人跟我們以前很不一樣，都不知道他們在想什麼？或者要什麼？

「那他們上班時表現如何？有符合你的期待嗎？」我看著台下的他詢問。

「還可以啦。」他猶豫了一下，說出很多人心中的疑問，「但這些年輕人為什麼就不能為公司多做一點呢？」

我很想跟他說說愛因斯坦的故事。年輕時愛因斯坦在瑞士伯恩專利局做專利審查，上班八小時的工作，他大概兩個小時就可以做完，其他的時間他就在想他的研究——對於「時間」和「空間」的思考，相對論也因此橫空出世。

把年輕人當產品，還是品牌？

一個公司傑出的人的比例最多佔一〇%，而公司內只要有七〇%的同仁都做到你要求做的事，那就是一個很大的福氣了。更不要說現在年輕人的人數愈來愈少，想躺平的卻不少。所以有年輕人願意做事，還可以把你交代的事做好，我都會懷著感恩的心。

在公司，他遵守規定，達成公司訂定的目標，而在他個人的領域裡，他追隨本心，完成他存在的意義或人生的目的。對於這樣的年輕人，我們除了珍惜，更要多給資源，讓他能對社會、世界做出最大的貢獻，我們才不會對不起他們吧。

如果你把年輕人當「產品」使用，希望他的功效發揮到最大，但年輕人看自己是「品牌」，希望自己能夠發揮最大的影響力。角度不一樣，風景就不同了。但可怕的是若在不同的維度看彼此，沒有好壞對錯，卻可能擦肩而過。

幫他們架舞台，接受他們的獨特

不管我們了不了解年輕人，我們一定要對得起年輕人。以前我們的上一代給我們很大的「希望」，讓我們每一天朝著希望前進。現在我們給下一代是很大的「不確定」，讓他們每一天有無盡的焦慮及無奈。更且，網路讓他們看到全世界的生活方式有多種面向、更多的可能，他們當然會想去找存在的價值跟意義。

我們現在生活環境的舒適是人類最好的時代，可以肯定的是每一代都比上一代更厲害，所以我們這一代才能夠享受到這麼多的美好。

所以讓我們一起珍惜每一位年輕人，相信他們、肯定他們，給他們機會、資源，幫他們架舞台，接受他們的獨特，確保他們在世界能快樂的揮灑所有的可能。

年輕人的未來，就是我們的晚年；他們好，我們會更好。

你把年輕人當「產品」使用，
希望他的功效發揮到最大，
但年輕人看自己是「品牌」，
希望自己能夠發揮最大的影響力。

在追逐光的過程中，
黑暗總在看不見的地方和你如影隨形；
讓自己成為那個光，
讓陰影在後面支撐著你，成為你成長的燃料。

PART

4

活出你獨一無二的超值人生

35

向死而生

在注視疼痛的過程中，自己好像被火焚燒，燒成的灰燼一點、一點的隨風飄去。過去奮鬥了四十年的我，也隨著那燒出的灰燼，在空中飛舞著；就像《易經》中所說的，「焚如，死如，棄如，天地之大卻無所容也。」

「多磨」，是我這輩子的縮影。

從小我就不斷被磨，跳階梯摔成腦震盪；跑去對街被無照摩托車撞；工作太累以致於在開車時睡著，連人帶車墜入山坡；摔個跤手骨都能折斷……好在上天眷顧，沒有任何的資源，我卻在外商世界走出一條屬於自己的路。

沒想到，以為已走在康莊大道的六十二歲，又再經歷一場死劫。一甲子以來已經死過多次的我，在這種折磨、焚燒下還能活下來，我想那應該是天意吧。上天留我下來一定有祂的意義……還能再活下來，「或許」、「可能」、「會不會」是因為老天有聽到我的祈禱？

感受活著的喜悅與恩典

人在祈禱的時候，一定要很小心謹慎，因為老天爺很慷慨，會達成你的願望，但你卻不知道祂用什麼方式。

我在最胖的時候曾經來到六十公斤（我的身高才一五三公分），腰圍更是橫飛不知所止，所以衣服都要買大號，再改短手臂跟褲管。

這幾年我一直跟老天爺祈禱，讓我瘦下來到五十二公斤，這樣我穿衣服看起來比較像外商CEO，不會像個老婦人。老天爺不但聽到，同意，還加碼，讓我瘦到只剩下四十六公斤。看著鏡中穿著年輕時的衣服仍然寬大的自己，只能苦笑著感恩老天爺。

讓自己成為那個光

這十年來我一直很想為台灣做一點事，希望讓如同我這般的年輕人（起點低、沒有任何背景、渾渾不知未來），擁有過去不曾想過的機會與機緣。歷經一場大病，現在更是希望讓他們知道，愚魯如我都能跌跌撞撞，死去又活來，繼續感受活著的喜悅與恩典。

如果可以，我想用自己的經歷告訴年輕人：

不用去追逐光，因為在追逐光的過程中，黑暗總在看不見的地方和你如影隨形。要讓自己成為那個光，讓陰影在後面支撐著你，讓所有形成陰影的成份都成為成長的燃料，支持你繼續往前體驗難得的人生。**就算匍匐前進，也要不斷往前，經歷你自己獨特的人生旅程**。

現在，我很高興的跟地球說，謝謝你，我又回來了。

感謝關心我的朋友們，請不要再一直問我這段時間的痛有多可怕，只要看到陰影，就知道老天爺又來幫我們添燃料了。且讓我們繼續邁向品牌之路，帶動更多年輕人，讓他們自帶光芒。

36

不安全感讓你更安全

「我跟你介紹一下，他是我以前公司的同事，前年升上來做總經理。」和一個剛從上海回來的總裁吃飯，他帶了一個酷酷的年輕人，還沒寒暄就先跟我介紹。

「歡迎歡迎，很開心認識你，你看起來應該還不到三十五歲吧，怎麼可能和總裁一起工作呢？」我笑著說。

「沒有啦，我剛過四十了。」他笑得更開心。

跟朋友喝酒是件好事，沒有利益，沒有壓力，只有全然的放鬆，而放鬆後的彼此，也更容易交心。席間聽到老朋友和新朋友兩個人在談過去一起合作的公司狀況，年輕的總經理迫不及待的請教總裁，關於生意上和與國外打交道的眉角，我自己在旁邊，也想到過去在外商公司的總總。

「沒關係，瑪格麗特是自己人，你就說吧。」突然聽到自己的名字，我連忙把思緒從某一個天涯海角拉回來，原來是總裁正在鼓勵年輕總經理，說出他內心的恐懼。

權力很大，但責任更大

「雖然我已經在這個位置上做了快兩年，去年是完整的一年，業績也做到了，國外很開心，同仁也很高興，但不知道為什麼，心裡面總是有著隱隱的不安。

家人快樂的看著一〇一煙火，我內心卻想著一月一號到了，業績又歸零，一切又從頭開始。有著很強烈的不安全感，很擔心自己做不好，拖累了團隊……」話一停，他就喝了口酒，看起來似乎覺得稍稍的鬆了一口氣，可以想見他平常應該沒有什麼人可以談。

帥氣、聰明，感覺很放鬆的年輕總經理，沒想到給自己的壓力這麼大，看來CEO這個位子真的很不好當呢，我也喝了一口酒，豎起耳朵聽朋友怎麼回答。

「我很早就體會到什麼是『責任』，總經理這個位子逼著我去**理解不同人看事情的角度**，也逼著我去想未來——更長遠的未來，因為手上權力很大，但責任更大，也因此給了我更多的學習。」總裁的回答一如往常，凡事認真、字斟句酌。

突然他轉頭看著我，問說：「瑪格麗特，你怎麼看這事？」

「不安全感」的重點在於「感」

我歪著頭想了一會，人好像飛回二十年前那個剛升上來，「青瞑」又不怕槍的自己。剛升上總經理，一開始的五、六年，外人看似風光，但是我內心也有強烈的不安全感，總是擔心業績做不到，擔心別人怎麼看我，焦慮客戶琵琶別抱，吃飯、睡覺都還在想著客戶跟業績。

「不安全感」的重點在於那個「感」字，那是我們身體對當前所處的情境送出來的一個警示。因為權力大、責任更大，我們通常都會馬上掉進那個不安全的情境，陷落在因不安全而引發的情緒裡。

再回首前塵，我發現，不安全感意味著，我是處在一個自己不那麼熟悉的地方，在一種不太確定、模糊，感覺有點複雜的情境下，所以會保持警惕，做任何事情都會處於一個警覺的狀態。

因為**不安全感，讓我更有意識的專注於當下**，對所有進來的訊息都會很謹慎，盡可能的吸收細節。在這樣的情況之下，這種不安全感反而會讓我感到比較安全，也因此開啟一趟人生獨特的探索之旅。

把「不安全感」當成一個提醒

當然，這不意味著我喜歡那個「不安全感」。

因為年輕的我有時會擴大不安全的情境，陷落在不安全感的副作用——焦慮、自我懷疑、擔心、恐懼的情緒之中。雖然那些副作用都是人的求生本能，確保我們在完全警覺的情況下，面對所有的不確定，並且做出即時的反應，只是一旦陷進去，難免會影響自己不太能去想像比較長遠的未來。

過了耳順之年，細細回想，撇開戀愛以外，為了生存、接任新職務、面對更大挑戰所產生的不安全感，反而會讓人有著強烈的戰鬥能量，帶來全新的學習與深刻的體驗。

「好好把握，以你的能力應該很快就可以度過這段充滿不安全感的期間。趁你還保有這個不安全感時，就把它當成是一個提醒吧，你會五感全開，就像第一次在學習騎腳踏車或游泳。然後一步步建構你自己的思維與決策過程，並且用敏銳且不同於以往的眼光和心境，體驗這趟非比尋常的旅程。

眼光決定角度，**心境決定情境**。恭喜你，登上這一趟非常難得，也非常刺激的火箭之行，這可是一趟千萬人夢寐以求的夢想之旅呢。」我笑笑的跟年輕總經理說。

37

金湯匙好燙！

有些年輕人羨慕富二代含著金湯匙長大，我卻不這麼看。

我常說，**那湯匙很燙的，他們應該比較羨慕我們吧！**

各位想想看，他們一出生就在保護區裡，對外面世界的認知模模糊糊，吃最好的、用最新的、享受最棒的，但如果人生一開始就在頂峰，你要很努力才能一直待在那裡，或者要很努力才能再跳到另一個山峰，危險度特別高。

我常吃滷肉飯，偶爾吃到鮑魚就開心得不得了。後來知道鮑魚還分等級，等我加薪了，就再試試更高級的，或買一瓶紅酒搭配這些頂級享受。我期待這些美好的東西那麼久，得到時更讓我珍惜不已。

富二代的嘆息

其實，平凡人的幸福，有錢人沒機會享受；打拚時的手足情、朋友義，他們也較少體會；經過辛苦努力後，升遷、賺錢的成就感，他們更是難以想像。我看到很多富二代，不但努力，更是拚命，但外人永遠都看不到他們的用心和用力！

以前有位總裁跟我說過一句話，到現在都一直在我腦海中磨滅不去，他說：「大學一畢業，我的人生就死了！」

這位總裁就是百分百的純金湯匙，但他告訴我，做得再好，別人說是他父親庇蔭；做差了就是敗家子。他嘆氣的背影，至今我仍記得。

從那時起，我就**不羨慕別人擁有的**，**開始珍惜我有的**。

沒有金湯匙，我還有筷子，我還有雙手！後來我也不抱怨了，因為抱怨有後座力，而這後座力可真強，會使得周圍的人不敢靠近你。

改變人生的ＫＰＩ

在職場上，我最常聽見大家抱怨老闆。說真的，如果你常常凸槌，讓老闆操心、大暴走，他一定三不五時盯你、問候你。但如果你可以自行解決問題、自我要求高、還提供多樣建議方案，老闆一定放牛吃草。

老闆不是笨蛋，如果你的老闆真的很笨，也請你「尊重他的運氣」。這麼笨的老闆還能把公司做得很好，那他背後一定有高人指點，這樣的人你更是要跟著他。

慢慢領悟這些道理之後，我的心境改變了。我喜歡唱〈快樂天堂〉、〈感恩的心〉，不再唱〈傷心酒店〉、〈酒後的心聲〉；也開始感謝同仁們與我一起打拚、衝鋒陷陣。

建議含著金湯匙出生的年輕朋友，**改變您人生的ＫＰＩ，不要讓別人將您和您的父母做比較**，他們做事業賺大錢，您可以做志業領大軍，協助更多人成長；父母給您福氣，您也可以幫爸媽積福德。

讓台灣有愈來愈多善的力量，讓台灣成為一個美麗的存在。

38

堅持，永不放棄

「我問過你的員工，你的員工說，如果改變這個世界需要某一種人，那麼你就會是那個人……」我跟在《請問ＣＥＯ》節目裡接受訪問的年輕ＣＥＯ說。

「真的有人這樣講嗎？」年輕ＣＥＯ有些訝異的看著我，「我其實真的蠻緊張員工會說我什麼呢？」

看年輕ＣＥＯ笑得燦爛，也知道有人渴望讓世界變得更好，更讓他知道周圍員工是了解他的，我竟覺得做這個節目有一股幸福的感覺。

「那支持你走到人生現在這個位子的『相信』是什麼呢？」訪談到了尾聲時，我問了他最後一個問題。

受訪的年輕CEO停了幾秒後，竟拿下眼鏡，抹了一下眼睛。看著他低下頭，又抬頭看了看遠方，感覺他的思緒好像飄到不遠的從前。

人生很多事是問題，也是答案

可以想像他的內心應該有個洞，原是一片黑，能避就避過了，但卻被我這個不經意的問題讓它破了口，滲進了些微的光，也讓他再次看到了他自己內心的那個洞，並勾起了一段段他不想面對的回憶……原本的好朋友再也無法見面，一起拚搏、彼此相知相惜的戰友也離開了。

到底要怎樣的堅強，才能在過程中繼續面對沒有想過，甚至無法接受的情境？我在內心也問著自己。

在回應自己內心的渴望，努力往前走的同時，一定會有人相信，有人不相信，但如果那些「選擇不留下」的，卻是自己平常最相信的人呢？

你會繼續相信自己，還是會開始質疑自己？

人生中有**很多事在當下是沒有答案的，或許也不能當作是一個問題**。但是如果你用問題的角度去看它，它真的就成了眼前的一大問題；如果把它當成是一個「指引」，或老天給的「訊息」，它又變成了一個答案。

堅持總是在相信後發生

「無論如何，不要放棄。」年輕CEO挺起胸膛，抿了一下嘴後回答我。

我知道他也是在跟他自己說：堅持下去，不要放棄。

「堅持」總是在「相信」之後發生，而**堅持下去的行動，也會讓你接收並體驗到你對自己的相信**。

看著眼前這位有著堅毅的眼神，相信自己的相信，並且堅持著走出自己相信的年輕CEO，正領導著他自己，以更強烈的信念與行動，領導團隊不斷的前進著。

我在心裡為他喊了聲：加油喔！相信自己，並堅持下去。

39 CEO的脆弱

「算了！就這樣吧！我不想再跟他們爭了。」一家外商企業的總經理，狠狠的喝了一大杯酒後看著我說，「就這樣吧！瑪格麗特，我不想再玩了。」

「不會吧！你還這麼年輕。」我說。

「都五十四歲了。」他說。

「那後面呢？」我問。

「再說吧！跟這些老外爭來爭去的，一點意義都沒有。老外就是到處卡，人不補、薪不加、研發資源只給歐美，生意要怎麼做？而我都不能跟員工講。現有團隊這邊的業務已經推不動了，又無法找新人，我在這間公司也待了快八年，老外老闆都換了三個，想想算了，我真的累了！」眼前這位外商總經理之前的戰功輝煌，而且鬥志高昂，現在竟然想要提早退休？

領導，怎麼表現脆弱？

我從來沒有見過他如此的垂頭喪氣，但**只要是人，都有脆弱的時候**。就算是貴為總統、世界首富，也有他們所要面對的不確定與風險，以及因此而產生的恐懼和不安全感，那種不可與人言的脆弱肯定大、大、大過我們。

「瑪格麗特，也只有妳，我才會說。在所有的人面前我都只能表現堅強，怎麼樣都不能去表現我的脆弱。回到家，連我太太都不敢說，就怕他和孩子們擔心。唉！」聽到他嘆了一大口氣，可以想見心中的糾結！

一家公司的領導，什麼時候才能夠去表現他的脆弱呢？他能跟公司的同事說嗎？傳出去說這家公司連總經理都累了，率領的艦隊還能打仗嗎？肯定不行！

那他能夠跟老外談嗎？更不行！老外會覺得你那麼脆弱，怎麼帶人往前衝？或者是跟同事講他的痛苦和無奈？哇塞！員工會想這樣的老闆還能跟嗎？還是跟朋友講，可是他們又不見得懂得這個產業。

也還好我們的交情已經十幾年了，還好我們都是在外商工作，所以我們都知道，彼此都是帶著傷口活過來的。

不要在能量低的時候做決定

但一家公司的領導，什麼時候、跟誰去表現這個脆弱呢？什麼時候該喊停？什麼時候可以讓自己說「就這樣吧」？

在午夜夢迴，我也跟自己講了許多次這四個字，但第二天醒來還是告訴自己：「早安，Another beautiful day! 又是美好的一天，總有一些新的希望，我就不相信不能找出一些新的路來！」

「你要不要再試試？人在晚上總是比較低潮，千萬不要在能量低的的時候做任何決定。第二天早上醒來，看看藍天、看看白雲，想想生活中的鳥飛蟲鳴，想一想這些樹葉、小草在泥土裡面都還能夠綻放生命，到那時候再問問自己吧！」我輕聲的說。

老子說過，「飄風不終朝，驟雨不終日。」意思是天地造成的暴風、急雨尚且不能持久，更何況**人間有很多的事情，有時再撐一下下就過了**。

慈悲有時帶著無情面具而來

在做出決定前，先問一下自己，可以讓這樣的日子怎麼過？

在這樣的位子，有這樣的資源裡，最終想給自己什麼樣的日子？還是想要讓其他人——包括你的同仁、供應商、客戶，過什麼樣的日子？如果不想再過我們自己現在過的日子，卻想要給別人過不同的日子，那我想，做出來的結論可能不一樣。

我年紀大了，想事情的角度不太一樣，沒什麼好壞對錯。

以前就是想自己多一點，現在是想別人多一些，所以有些苦吞一吞也就過了，我總覺得在任何一個位子上，有七〇％是自己喜歡的，三〇％是自己不喜歡的，那麼面對這三〇％，大腿捏一捏也就過了。

更重要的是，你喜歡的七〇％及所面對的人事物，可不可以給更多人更明亮的未來？給更多人更大的舞台，更多的笑聲跟成長？

當然，壓力在所難免，沒有壓力哪來的成長？有時慈悲是帶著無情的面具過來的啊！但一定要記住，**你不可能給別人你沒有的東西**。

當別人不斷給難題，自己就是答案

前提是，你是真的想要提供其他人不一樣的未來，所以你會用不同的心態，去做一些不一樣的事情，去受一些你過去可能受不了的苦，又或者你再受那些苦的時候會覺得值得的。

當然，也不要讓那個苦大到讓自己的身心無法承受，人生走到最終，一定要說服的不是別人，只有你自己！所以，當別人不斷給你難題時，記得對著鏡中的自己說：「今天就這樣吧，辛苦了！」

也不要忘了為自己拍拍手，然後告訴自己說：「**明天又是新的一天，而我將會是那個難題的答案。**」

40

殘忍的慈悲

「啊！好痛，好痛喔……」我已經叫得口乾舌燥，汗都滴下來了，他是耳聾，聽不到我的哀嚎嗎？沒想到他完全不理會，繼續用力撥弄我背上的肌肉，還念念有詞的說，「不把這個筋撥好，妳運動、吃藥也沒用……」

這三個月我因為頸椎第五、六節壓迫到神經，左後背和左手臂每天痠到骨髓，痛到無法入眠，只能吃止痛藥伴安眠藥，昏睡過去後才能忘掉痠和痛的折磨。只要有朋友建議好醫生、好偏方，我咬著牙都去做，而這是第二次讓這位按摩師幫我調理了。

有一剎那，我覺得自己痛到快要昏厥的時候，腦袋突然浮現了一些畫面：一級主管或超級戰將坐在我的對面，被我逼著去面對他們個人的缺失、弱點，或致命的習性，有些人會臉部一陣扭曲，有些人會不情願的面對，更多時候是淚光閃閃的沉默著……可是我還是繼續殘忍的，逼著他自己去思考如何改善。

殘忍背後隱藏的慈悲

當然我也可以提供一些我的建議，但是愈資深的人，你愈難跟他說教，你只能讓他自己去領悟。

因為，這些優秀者的心裡大多覺得：「那是你們的偏見、那是別人的問題、我今天能夠走到這裡，一定有我獨特的地方。」看到他們被我硬逼著面對自己的弱點而覺得痛苦，但我卻仍然繼續講的心境，大概就跟按摩師對我做的事是一樣的。

撕開瘡疤，讓你去面對你自己的弱點，真的很殘忍。但這個殘忍的背後卻隱藏了最大的慈悲，因為我知道，如果你不過這一關，那麼你的人生可能就此封頂了。

自己決定「要不要去改」！如果你要，「面對」是第一步；如果你不承認，是改不了的。就像我脾氣不好，很難改，除非我知道自己脾氣不好，是不利於未來發展的，這是改變的第一個前提。如果我一直不承認我脾氣不好，那我怎麼可能改它？

其實很多人都很鴕鳥，不想當壞人；很少人願意把問題講得清楚，就怕員工不開心，就怕員工在背後罵他。

自己不願面對，旁人使力也枉然

放他走，對我來講是最容易的，讓他的問題直接停損在他個人身上就好了；如果讓他留下來，要求他修正，等於是我要把他的個人問題，變成是我的部份問題，我就有必要去協助他突破這個天花板。只是如果他自己不願意面對，或自己選擇放棄，我使再大力也是枉然。

所以下一次，當有人直指你的問題，或逼你做痛苦的自我修正，請看到那殘忍背後的慈悲，那份對你有期待的愛。

若你還清醒，請記得跟他說聲「謝謝」！

41

快樂是個「決定」，不是選擇！

餐廳才解封的第二天，一個朋友就迫不及待的約見面，也是好久沒見的老朋友了，大家一坐下來，竟然同時開口問，「你還好嗎？」

「這幾個月大概是我這幾十年面臨過最大的海嘯吧！天天都在籌錢、愁未來，到處跟人家調錢，以前向我借過錢的人自己也難受，開口跟以前沒借過錢的人，也不知道怎麼開口。我太太都叫我去看身心科了，很擔心我得憂鬱症。」朋友滿臉苦笑著說。

「還能講出來，應該還好啦！」我看著他說。

「要是你是我，會怎樣看待這事呢？」他突然冒出一句。

我喝了一口酒，腦袋裡一直轉，如果是我會怎麼做？

「林總，我會先想辦法讓自己快樂起來。不管用什麼方法，去看山看海、找人聊天、看書聽音樂……總之，就是讓自己打從心裡快樂起來。」說完了，卻看到他滿臉困惑的看著我。

快樂是一個「決定」

你要先做一個「決定」，你要不要快樂？

如果要，那在任何情況下你都決定要讓自己快樂。

「可以再說清楚一點嗎？」他睜大眼睛看著我。

「快樂，就是一個『決定』，而不是一個『選擇』。它並不是說如果我擁有一輛賓士車，我就會很快樂；如果我買到一棟可以看到台北市市景的房子，我就會一直很快樂的。

每一個階段裡你都會有想要的東西，但你也會發現當你拿到自己想要的東西，那個快樂其實也就只是在那一刻、那一陣子、那一小段時間，之後你就會忘了它的存在，隨後又開始追逐下一個階段的想要。

當你把那些已經拿到的東西視為理所當然，然後開始期待別的東西，而在期待的過程中如果碰到了困難、有障礙或拿不到，你就會很焦慮，壓力很大，又或者碰到你沒有預期的狀況，你就會很痛苦，這些都會導致你不快樂，對嗎？」他點了點頭，我繼續解釋。

無條件處在快樂狀態

「其實**快樂不是一個結果，而是一個起因**。

當你先讓自己處在快樂的狀態中，你身上的頻率，散發出來給人家的氛圍、磁場跟氣場是快樂的，最重要的是你自己也感受得到那個快樂。當你快樂的時候，你做的事情就會開始往正向推動。

當然，你可能會碰到一些挫折，但是那個快樂的情緒，會讓事情看起來好像沒有那麼為難、痛苦，最終你會得到一個好的結果。」我告訴他說，大家都認為，要有了什麼才會快樂。其實不是的，是要先快樂，才會有你想要的那個東西。

某個程度上來講，你要先讓自己「無條件」的處在快樂的狀態裡，你的快樂才是真正的快樂，也就是你內心呈現的狀態。

通常，「有條件」的快樂通常只發生在實現的那一刻，所以快樂只有那一分鐘、那一天、那一陣子。更何況你設定的條件也不可能就只是這麼一個，你會無止境的給自己設定條件，在變成某一種軍備競賽的情境下，比較難保持快樂的心。

反過來，如果先讓你自己的心快樂起來，就算還沒達到條件和目標時，你就已經先擁有了快樂。

心境快樂，體驗不同

「但我就是沒有快樂的感覺啊！」朋友只差沒有哀嚎，「什麼都沒有，要怎麼快樂得起來？」

「你現在眼睛看得到蔚藍的天空吧，耳朵聽得到蟲鳴鳥叫，人世間吵雜的聲音吧？你沒有得過 COVID19，所以你還聞得到東西，吃東西也還有味道，怎麼可能會什麼都沒有？如果今天身體隨便抖動一下，你發現身體和四肢如此的輕鬆，能跑能跳，其實就很值得快樂了。

如果身體健康、家人平安和樂，這些都還不能夠讓你快樂，那講真的，就算給你一個億，你也不會快樂的。」我回答說。

作為一個人來到這個世界上，有好多事可以體驗，但是第一件事情是先對自己做出一個「決定」——給自己無條件的快樂。然後在做任何事的過程中，你會發現當自己的心境是快樂的，就可以用不同的角度、高度、面向、層次來看待很多事，最後你得到的體驗，肯定也會有大大的不同。

建立快樂的習慣

即使今天碰到很痛苦的事，你也可以保持一顆愉快的心，這一點你說難不難？難！但你會發現，當你建立了「我決定要快樂」這個信念，就會建立快樂的習慣，最終快樂就不會是選擇「要」或「不要」的問題了，因為對你來講，快樂不是選擇，而是你已經相信自己很快樂。

我就是要快樂，不是有條件時才能快樂！

在這樣的前提之下，不管你碰到什麼事情都比較會用一個正能量的好心態，去面對外界。你沒有辦法確定外面世界會發生什麼，對於一些離譜的事，你沒有辦法想像它怎麼可以這樣？也沒有辦法理解它為什麼會發生？但你都可以坦然面對。

這容易嗎？當然不容易呀！但前提就是「信念」，你要相信。

我最近讀到一本書，說這世界上，除了大自然的物理法則，其他所有的像國界、宗教，金錢，包括連愛情，都是透過人的信念、人與人之間的信任才能夠成立的。

我後來想想，對耶！你看貨幣，你相信的時候，覺得好值錢，你不相信的時候它就只是一張紙，不是嗎？

快樂是人生最重要的信念

我們要保持讓自己快樂的心境，而這將是我們人生「最重要的信念」，並因此建立成一個習慣。你才有辦法有堅定的心，去面對外界所有的不可測、不確定、無法理解的事情發生。就算有些事情就是讓人無法理解，但你只要面對它，物來則應、過則不留，還是可以很正向的去看待。

很多時候我們對事情都帶著既定印象，例如輸贏、成功或失敗，這些東西其實都不是一個絕對值，賺到一個億卻仍然不快樂的大有人在，因此你決定要讓自己快樂，才能夠用快樂的心帶來正能量，好好的面對那些外界看起來像是黑天鵝、灰犀牛、大海嘯的狀況。

別把自己當成「製造業」，製造出無盡的焦慮、憤怒與恐懼。請把自己當成「創新業」——不斷創造出新的一頁，創造出你想要的世界，並成為你真正的實相。

記得西班牙人所說，「**縱聲歡唱的人，會把災禍和不幸嚇走！**」

42

就地創業，做人生的CEO

「真的好久不見了。」

「哇，怎麼愈來愈年輕？」

起了個大早，和三個朋友一起早餐，大家好久沒見，吱吱喳喳聊個不停。其中朋友A，雖然腳受了傷，但心情蠻好的。

「前兩年還聽妳說被發放邊疆，還以為妳可以放鬆去牧羊了，沒想到妳做得更起勁，把一個鳥不拉屎的地方，做成公司的主要業務，什麼時候要接董事長啊？」

我半開玩笑的恭喜她。

「老闆的朋友那麼多，旁邊又有一大群幕僚，他耳根子軟，誰做得好就被當成箭靶，哪輪得到我來接大位？」朋友A喝了口咖啡笑說。

「但妳不一樣啊，建了那麼大的戰功，創造出這條新的產品線，市佔率至少三成吧。」朋友B接著說。

「分享一下，妳怎麼這麼厲害？完全沒有資源，還能夠打出一片江山。」我吃了片火腿說。今天心情好，也感覺火腿特別好吃。

最大的痛苦是自我否定

明明是蘇武牧羊，卻被她做成羊兒的股市操盤人；明明是山邊的畸零地，她卻把價值做成台北的信義區。

但在聽朋友細數當初被解權下來的黯然，與旁人的異樣眼光、家人的擔心，那些數不盡的無眠夜晚，大夥聽著都覺得挺沉重的。

可她說，最大的痛苦是自我否定。「我可以嗎？我還可以嗎？我真的可以嗎？」那段日子裡，她不斷的自己問自己。

「那妳如何面對那個懷疑，又如何克服？」我好奇的問。

「妳開始主持《請問CEO》了嗎？」B朋友在旁邊開玩笑說。

「不要吵，聽她說。」我笑著罵B朋友。

「絕境，退無可退！五十五歲的我還能去哪裡找事呢？為公司打拚了二十五年，落到這樣的情境，有誰還會相信我的能力呢？連我自己都不相信自己了。被卸下總經理之後的那半年，我看到人時都是低著頭的，回到家也很少照鏡子。」朋友A愈說聲音愈低，我也愈聽心愈緊，不敢想像那個絕望。

用創業的心態上班

「然後呢？」看著朋友A苦笑，一向寡言的朋友C輕聲問。

「一個無眠的夜晚。」她繼續說著，神情好像回到了當初那個時空，「凌晨三點多，我看著外面一片漆黑，突然記起來瑪格麗特曾經寫過一篇文章〈用創業的心態上班〉，**我決定再給自己一次機會**。

就在這裡創業吧，至少我不是從零開始。至於別人怎麼看是他的事，我也沒有時間跟著別人看來看去。」

「你們相信嗎？」她揚眉的說，「**當我用創業心態想生意時，竟然發現公司遍地是資源，遍地是人脈**，更何況我還有公司名片。說不辛苦是騙人的，情緒也難免起伏，人情冷暖也沒有少碰，但就是再給自己一個機會。當然，老天爺也幫了很大的忙。」

朋友A突然謙虛了起來，再細看，她臉上的線條真的比以前柔和許多，感覺又是一次生命的跳躍。

怎麼讓自己心中那股氣有個出口？不是怨天，而是行動。**用行動把世界形塑成你要的樣子**，也讓自己成為那個自己想成為的那個人。

成為你自己人生的CEO

別人怎麼看你是一件事，你自己怎麼看自己才是最重要的事。

當你看重自己，別人也會看重你；

當你有了能量，別人也會靠過來。

所以，成為一個想要的自己，而不是讓自己去演出那個別人想看的樣子。

「安靜離職」，可以是一個選擇，但「就地創業」則是一個決定，這個決定讓你拿回人生主導權，成為你自己人生的ＣＥＯ。

當你給自己一個機會，當你開始相信自己，你會發現有那麼一點小小的縫隙可以讓光進來。你可以循著光走，走著走著，驀然回首，就會發現自己竟然走出了一條，想都沒想過的英雄旅程。

商業其實是最好的價值交換，
品牌是一個最棒的利他行為。

PART

5

品牌，是最好的圖利他人

43

按下 Slow Motion 的按鈕

「為什麼會成立這個 Cigar Room（雪茄坊）？」到加拿大進行企業參訪時，我們好奇的詢問創辦人賈第納（Quentin Gardiner）。

這家政府特許的雪茄坊非常特別，它是全加拿大唯三家可允許在室內抽雪茄的地方，地點還是在加拿大原住民的土地上。更令人好奇的是，創辦人賈第納現在還是一名會計師，那為什麼他還要成立雪茄坊呢？

「好幾次當工作讓我覺得已經快崩潰、快要不行的時候，我就會點雪茄，當我抽上那口雪茄時，就覺得按下了一個 slow motion（慢動作）的按鈕，整個人放鬆下來，好像心也慢慢的敞開……」所以他希望創造一個地方，讓每個人都可以在那處讓自己放鬆，好好的看一下、想一想自己在做的事情，感受這個世界還是這樣的美好。

全然放鬆時，停下來感受自己

「希望每個來這裡的人都能夠放鬆，並且找到自己。」秉持著這樣的初衷，賈第納在雪茄坊上方開了天棚，讓人們在抽雪茄時看得到藍天、感受得到陽光，夜晚也看著星空閃爍，感覺和大自然合成一體。

在賈第納講述他的故事時，我覺得我們已經不是在使用這個產品或服務了，也就是說，我們不只是進入一家普通的雪茄坊，而是走進了一條故事長廊。在那裡，我們看到了平常沒有感受到的自己。

人其實只有在放鬆的時候，才有可能用感性來取代理性，用感覺、情緒來想一想：我是誰？為什麼在這裡？為什麼要做現在在做的那些事？又或者才有那個餘裕來問自己：為什麼這些事情會困擾我？為什麼有些事情我想做，但沒去做？

只有在全然放鬆的時候，才會問自己真正想要的是什麼？不要的又是什麼？當然，有可能你還是決定回去做你不想做的事，但你會更清楚今天去做哪些事，對你的意義是什麼？在你人生的路途中，你想做或不想做的事，扮演的角色又是什麼？

成功的品牌，就是實踐相信

英國哲學家以撒．柏林（Isaiah Berlin）說，當代的兩種自由，一個是完全實踐自我意志的「積極自由」，另一種是得以掙脫外力宰制的「消極自由」。白話表達的意思就是：**可以做你想做的事，也可以不做你不想做的事**。

所以，當有一天我們要做不想做的事，至少要知道為什麼要這樣做。同時我們也要知道，人生如果八〇％都是你想做的事，你可以做得很開心，但也會有二〇％是你不得不做的事，因著責任所以得做，我覺得這也是很幸福的事。

品牌並不複雜，就是在產品的理性面，如何加入創建品牌的起心動念或初衷、願景，以及你的信念與價值觀。當在有形產品上注入了情感，也因此架構了更高的無形價值。

正因為品牌簡單，所以也形成它的困難。

因為簡單，所以很難一直做、一直講；但你會發現，一個成功的品牌其實就是實踐相信的過程，一致性跟持續性的每天去完成品牌本身，也就成就了一個品牌的價值與傳奇。

每天努力往夢想前進時，也要記得時不時按下 slow motion 按鈕，讓自己再回到內心最深處，建立品牌時的初衷。

44

太初即終點

「執行長，我們公司不到五個人，你覺得我們可以建立一個品牌嗎？」一個新創負責人有點不好意思的問。

「當然可以！」我定定的看著他說。

在人人都能運用新科技的時代，每個人都可以建品牌，看看這個世界有多少網紅？但前提是，做品牌跟創立這家公司有什麼關聯？

很多公司都說要建立品牌，但內心只是想要更快的賺更高的利潤。做品牌對那些人而言，只是如何包裝、上廣告、選媒體，那不是建立品牌，只是推銷產品。推銷產品當然也不是不行，只是在現在這個時間加快、多元需求並存，且生產大過需求的時代，這條路會走得辛苦，因為你走的路跟別人並沒有不同！

對使用者有差異，才是差異

品牌的建立跟人數多寡無關，跟你要傳達給哪一群人、展現什麼樣的價值，還有與市面上類似的產品或服務有無「差異」有關。

差異，不是去談那些「你」認為的差異，而是對「使用者」來說，他們認為有差異的才是差異。

日本有一家公司做茶，一瓶紅茶裝在紅酒瓶裡，只提供給最懂得茶飲的人。他們賣的一瓶茶，售價可以到一瓶新台幣五十萬元，但這家公司僅有不到十個人。所以**人多、人少不是品牌差異之所在，所創造出來的價值才能決定差異**。

我參訪日本時看到一間鞋店，那個年輕人很喜歡擦鞋。擦鞋能成為一個什麼樣的生意？只能糊口吧！

但他就是有辦法跑到鳥取縣，因為地很便宜，他就在那邊擦鞋，擦、擦、擦……後來想到很多人住在東京，鞋子很多，房間放不下，所以他提供一項服務——

客人在夏天時可以把冬天的鞋子寄來，把他這裡變成鞋子的儲藏室，而且他在儲藏鞋子前，已經把客人的鞋子做了很好的處理，你寄存的鞋是非常珍貴且被細心呵護的放在儲藏櫃，等你要穿的時候，就像是一雙新鞋。

更且，他用App讓全日本各地的人都能使用他的服務，最後擦鞋擦出了一片天，現在已是全日本最大的鞋存儲系統企業。

品牌起點，是你存在的出發點

這家企業存在的意義很單純——Concierge for your shoes（成為你鞋子的禮賓部），對於那些愛鞋的人來說，即使它的服務貴四〇%或五〇%也不會介意，因為這樣的服務無從比較！

當你提供給使用者不一樣的服務，自己又做得開心，你就是在**做一件對自己的存在很有感的事，這件事一定會吸引世上某一群人對這個意義的認同**，也因為他們的認同，這項服務產生無可取代的價值，而價格被思考的比重也會降低。

在未來的世界，有機器人、AI替我們工作，我們反而可以開心的做自己。這就像古羅馬時代有很多奴隸，只不過現在的奴隸是機器人罷了。所以當有一天，你不需要靠工作賺錢時，你會想做什麼？做什麼會開心？而那個開心最終不是只有讓你開心，也對某些人有特別的意義！這就可以當作你建立品牌的起點。

品牌的起點，
就是你存在的出發點。

如同艾略特（T.S. Eliot）的詩句——太初即終點（In my beginning is my end.），這個品牌的建立也就有了它存在的意義。

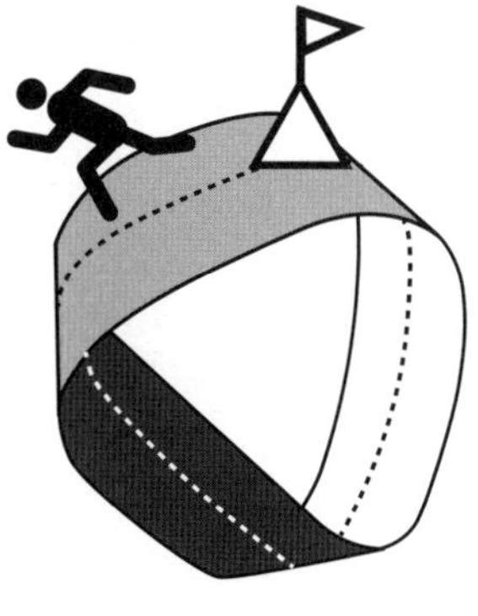

45

尊重顧客的智慧

「我們的鞋子穿起來很舒服，顧客只要一穿就會愛上，可就是不美呀！」一個企業老闆學員在課業討論時不斷強調。

我在現場聽了以後，皺起很深很深的眉頭。

「Robert，為什麼你一直覺得自己家的鞋子不美？請問你一年的業績有做超過三億嗎？」晚上一起吃飯時，我特別坐到他旁邊詢問。

「有啊！老師，超過了。」他回答。

「那這些買你鞋子的女孩子是笨蛋嗎？或者都是一些像我這樣天天穿一樣也沒關係，不喜歡穿得美美的人嗎？」我又問。

「當然不是啊，老師！您說這句話是什麼意思？」他不解的問。

「因為你今天在課堂上一直講，你們的鞋子穿起來多舒服、一穿就會愛上，可就是不美。你也不理解為什麼有顧客買了你們鞋子後，還會衝上樓去買 Issey Miyake（三宅一生）的衣服來搭配？

你真的了解你的顧客嗎？如果鞋子不美，他怎麼會去配那麼好的衣服？如果你的鞋子只是好穿但不好看，她在家裡穿就好了啊。但如果光是在家裡穿，就能賣到三億多，你就只要賣家居鞋就好了，不美也無所謂啊！」我一口氣說完，而他還是愣愣的看著我。

顧客的真正需求是什麼？

「我的意思是，你要清楚買你鞋子的顧客真正的需求是什麼？而不是一直要給顧客你覺得不美的鞋子，然後又希望業績成長，這樣不是很奇怪嗎？而且你明明生意做得這麼好，各大百貨都爭相邀請設櫃，櫃姐也自豪產品不錯，只有你這個老闆好像有完美強迫症，一直說自家鞋子不夠美！」我說。

「哎呀，老師我知道了，以後一定不會說我家的鞋子不美了。」他有些慚愧。

「我不是要你隱藏心裡的感受，如果『美』這件事對你如此重要，建議你要去重新定義『何謂美』，畢竟『美』對不同的人有不同的定義。」我深深嘆了一口氣，繼續說。

「如果你用自己對『美』的定義要求研發人員，抱怨他們做出來的鞋子不美，偏偏市場又對你們做出來的鞋子接受度很高，那就代表你並不了解顧客為什麼買你的鞋子，要不然就是弄錯目標對象。

若你不相信自己的產品好，也不曉得產品為什麼會賣，那當你生意不好，肯定也不會曉得原因。

你要去了解顧客買你鞋子穿出去的情境是什麼？在那樣的情境裡，顧客在乎的是什麼？最後得到了什麼總體驗？這才是你最終能夠抓到自家產品價值最重要的關鍵點，未來才能讓你的生意有五倍、十倍的成長！」聽完我所說的，他終於恍然大悟。

讓顧客成為你的另一雙眼睛

做生意，要懂得尊重顧客的智慧！我一向認為我的客戶是最聰明的，所以在提任何創意給客戶時，從來不會隨便做做就給他們；又或者客戶在幾款不同的創意裡，最後挑中的並不是我們的首選，我也不會在背後說「他們選錯了」！

同樣的，你做出去的東西，也要拿出你認為做得最好的，但那個「好」不是你心中單純符合個人的偏好，而是要去思考顧客會是什麼樣的人，他們為什麼要買你的鞋？

你可能會因此發現原來有一群人，可能是像我這樣的人，他喜歡穿得舒服，覺得腳的舒適最重要。雖然這鞋子的款式沒有那麼流行，但能表達他這個人的實在，而「實在」就是他心中認為的美。

所以，不要再用你自己對美的觀點，來給自己一個藉口說研發人員不好，或顧客不懂真正的美！

任何問題都是機會，反面從顧客的購買行為去思考、發掘出顧客真正的樣貌與購買動機、使用情境，**讓顧客成為你的另一雙眼睛，才能在市場上找出新的商機，**成為未來生意最大的成長來源！

46

企業家夫婦的爭論

「執行長妳來評評理，看誰說的有道理？」一對企業家夫婦，太太是專攻業務的總經理，先生是專攻研發的董事長，兩人為了新產品要提供的功能喋喋不休，茶都喝過三巡了還停不下來。

我本來饒有興趣的看著他們，覺得他們夫妻倆拌拌嘴也挺幸福的，但突然他們要我做公親，讓我不禁愣了一下才說：「歹勢，可以再說一次問題嗎？」

「我先生堅持所有東西都要用最好的，那也就算了，功能還一直加，要給最好的隔音、要用不會起火的地毯，又要給很多不同的功能。但功能給這麼多，消費者一下子也吃不下。」總經理說。

「給消費者最好的難道有錯嗎？而且我現在就可以做出來啊，這些東西他們拿到一定會很驚訝，最重要的是，全世界沒有一個人可以跟我拚。」總經理話還沒講完，董事長就回應了。

產品差異化的三個思考

兩人都有道理，但若我說兩個都對，恐怕不能產生出好結果。於是我答：「我不認為有所謂的對錯，但可以提供產品差異化的三個思考方向。」

第一個思考是差異化的「內涵」。

這個內涵是研發人員所思？還是消費者所想的？這很重要。如果是研發的人想做，或他們想給的，卻不是客戶真的需要、可以感受到的必要性價值，那麼，加了一百個你們認為很棒的功能，顧客也不會特別去注意。

第二個思考是差異化產生的「代價」。

如果你現在增加了十個你認為很棒的功能，可是你沒有辦法讓消費者買單，就是你的公司要買單，那就大大降低了公司的獲利率。

第三個思考是差異化的「溝通」。

可能你現在做的東西都很好，但這麼多的差異點，不是得增加業務推廣門檻，就是需要增加廣告行銷費去解說，這些都是額外負擔。

我舉了課堂上學員的故事為例，有一位學員本來是科技業高級主管，他的小孩吃餅乾容易過敏，因此自己出來創業，希望做出好吃且不過敏的餅乾。他的產品很容易讓人家了解，並想要去嘗試，因為就算本來吃餅乾不過敏，父母也會想給孩子試試看這個充滿愛的健康產品。

當你的產品功能或服務讓顧客注意到差異，或是你的品牌精神令人家感動，讓顧客想更進一步體驗，這時候「價格」就比較不會在顧客做決定的雷達內。所以**產品差異化的形成**，**一定是跟從消費者的感受**，**而不是企業想要提供什麼**。我們所思的跟消費者所想的，怎麼樣去「match」在一起，並在他們心中形成特定的意義，才能體現出這個差異化的價值。

用品牌促動右腦決策

就心理學來看，當你跟顧客談產品的規格、功能、尺寸、大小，你就開啟了他的左腦。左腦負責的是邏輯、合理、好壞、對錯、高低，他會做出一個對自己來說很精明的決定。但當你跟他談到創業的初衷、自己的夢想、對孩子的愛、對旁人的體貼，甚至試想要服務上帝的願想的時候，你就開啟了他的右腦。

右腦所做的決定只有一個感覺（feeling），他會用心去感覺，而不是用腦在思考。右腦所做的抉擇會讓他在未來使用這個產品或服務時，嘴角總是掛著一股微微的、神祕的微笑，因為在他腦海裡，有一幅動人的畫面。

接著，我話鋒一轉，告訴這對爭論不休的企業家夫婦。

「所以，你們用產品差異化來打動人當然沒問題，可以讓客戶得到他們要的結果，但如果換一條路徑，**用品牌傳遞價值和意義，從而去觸動消費者行動**，那麼可能會得到另一個你想不到，也是顧客想不到的奇蹟。」看著眼前相視微笑的兩人，我心想，下次再遇到夫妻倆拌嘴，還是閃遠一點好。

47 讓每一個偶遇，都是美好記憶

「瑪格麗特，你們最近生意如何？我都快被國外逼死了，好像台灣在疫情下保持得最好，我們就該去補全世界的不足！」一個好朋友緊皺雙眉看著我。

「陳董，現在吃飯，先吃一點吧！」看他沒動筷子，我笑笑回他。

「最近生意愈來愈難做，客戶要求愈來愈多，你幫我看有沒有什麼解法？」陳董偏著頭問我，顯然業績壓力讓他食不下嚥。

「最近我遇到兩個客戶，一個對我們要求非常嚴苛，要我們加東加西，可是不管怎樣他一定付錢，我們用的每一分時間，做樣品的第三方成本，他都會付錢。所以每次跟他合作，雖然痛苦但不會抱怨，因為他會肯定我們的價值。

另一個客戶也是要求嚴苛，但動不動就恐嚇說他要去找別家。每次提出來的東西，他明明覺得不錯，卻還是會要求再多提供一些不同的想法，結果最後又回到最原始的版本，談錢時又東砍西殺。

過程中他享受了支配權力的滋味，卻忘記他額外要求的都是我們的成本，這就像是來點套餐，後來又要求自助餐吃到飽！」他繼續說。

貧窮心態難以建立長期合作

「這在市場上很常見啊，這群人內心是對自己高度沒自信，以為自己賺到了，也好像幫公司省到錢，其實是讓自己成為公司品牌對外形象的隱形殺手。」其實我也遇過不少這樣的客戶。

「有一種貧窮心態，會驅使人在人生的每一件事或與人的互動上，都一定要賺到！根深柢固就是他的內心永遠處於飢餓狀態，不斷索要更多，永遠也填不飽匱乏的心。在這種情況下，可以跟他合作的人肯定愈來愈少，好的人才也不會想要跟他長期合作，因為這種錢就算有賺也是微薄到如雞肋，過程也沒有尊嚴。

更悲哀的是，他不自知，也不會有人跟他說。

等到有一天他手上沒有資源了，旁邊的人一定會鳥獸散。大家都覺得能逃離得愈遠愈好。因為他固有的價值觀只會佔別人便宜，有資源時都會去佔人家的便宜了，等到沒資源肯定又會隨時算計。如果跟你一起合作費心又耗能量，誰會願意呢？這種人自然無法建立一個長久的合作關係，更不要談到信任了。」我接著說。

文化是公司對外的品牌印象

其實這些人的行為，到最後都會形成公司對外的品牌印象。這個人的形象不好，公司的形象更不會好，所以你可以在市面上看到為什麼有些公司想找合作夥伴會比較困難一些。

談企業品牌不能不談「文化」，文化形塑了一個企業品牌的形象與高度。現在已經是協作共創的時代了，公司文化的建立要從每個同仁的心態與價值觀開始打基礎，讓同仁將企業品牌的信念，在每次與其他人的合作中一點一滴傳遞出去，**建構好的起點，形成一個善循環**。

在這個時代，會打敗你的多半不是同業，所以要想辦法讓朋友愈多愈好。人類肯定是靠著合作才能贏過其他物種，主宰這個世界。

人生就是一連串的偶遇，讓每一個偶遇都是美好的記憶，讓每一個互動都能產生彼此互利的結果，而這也是商業行為最美好的結果。

品牌就是在偶遇、互動、互利中疊加，成為彼此生命中美好的印記。

48

策略聯盟，做大做強

「老師，這陣子我們公司不斷在擴充，可是我心裡壓力愈來愈大，工廠、研發、IT都需要很多人，但這樣擴編下去，怕業績還沒跟上來，我就被這些費用壓垮了……」一個努力拚搏的總經理遇到我，劈哩啪啦說了一串。

「你的核心能力是什麼？產品、研發、業務、製程管理，還是？」我接著問。

「我不是很了解你的問題耶！」總經理搖著頭。

這個世界的日新月異早超過我們的學習速度，無論在市場或消費趨勢的虛實整合、AI人工智慧的關鍵流程導入上，若要取得先機，持續成長，不可能只靠自己就能掌控一切。若凡事都要靠自己全部一手搞定，先不談成本，單單是否能找到合適的專業人才就是考驗。即便真的找到好人才，可能也不知怎麼讓新舊團隊發揮綜效，當公司營運成本提高、管理變複雜，競爭優勢只是紙上談兵，就可惜了！

策略聯盟讓彼此有餘裕

「您可以說得更清楚嗎？」對方愈來愈焦慮。

「養不起」跟「看不清楚」，是思考策略聯盟最重要的起點。

當你對某個新商品、新商業模式還很模糊的時候，可以評估是要自建新團隊，或是透過策略聯盟取得外部專業人才或團隊來合作以因應變局？

未來的市場鐵定看不清楚，大量投入資金和人力資源也不知道對不對？更不要談什麼時候可以回收。策略聯盟讓彼此都有餘裕，還可以藉由外部專業人士與內部團隊的激盪或混血，使得內部同仁順利轉型，迅速發展新的核心能力。

這就像智慧手機裡面內建的應用程式，沒有幾個是手機業者自己做的。天下至廣，非一人所能獨治，**利用策略聯盟是去加乘核心能力的最大價值**，才有機會把餅做大。

策略聯盟也是雙方提供彼此的優勢，共同創造新的市場成長動能，重點是兩邊都必須認定，這樣的合作模式對雙方都有「最佳利益」。

信任是合法的效益促進藥

千萬不要有老大心態，要多從雙方的共同利益思考，讓合作夥伴感受合作互利的誠意與行動，將有助於吸引到更多優秀人才、更多的創新團隊想跟你結盟。

「哦，策略聯盟真的會比較好嗎？」總經理皺起眉頭。

「有個國王想要買千里馬，買了三年還買不到；有位食客自動請纓，國王就很興奮的給他一筆錢。沒想到這位食客獻給國王一隻死掉的千里馬，國王氣炸了！只見食客緩緩的說，王啊，我現在在幫你放訊息，如果你連死掉的千里馬都願意花五百兩，肯定會有更多人拿活生生的千里馬來賣給你的。果不其然，國王後來真的買到三匹珍稀的名駒。」我喝了口水繼續說。

未來的競爭，你必須清楚自己各個階段的策略重點在哪！

當你明白未來會有更大的願景，肯定會知道在聯盟的過程，成敗關鍵就在「信任關係」的建立，因為這會讓和你合作的人為了共同目標而奮力一搏。

信任，是最合法的效益促進藥。

沒有信任，聯盟只是形式；
有了信任，才能用速度換取先進者優勢，

因為這個時代不是大吃小，而是快吃慢！

未來是一個加乘的年代，不能只是互補。只要你願意以開放性思維面對所有的**不確定**，就有機會與不同專業領域的專家共創新的商業模式，共同開創一個彼此都能長期獲利的境界。

未來的世界，肯定不能只靠單打獨鬥而稱霸，也不會只是陪伴彼此走一段路，必將是多方透過共同願景，一起開創全新的漂亮國度！

49

商業是最好的價值交換

「老師，您的書和演講常提到要『圖利他人』，不過商場上就是你輸我贏的零和遊戲，要怎麼圖利他人？」我受邀到一家頗具規模的金融機構演講，年輕的主管第一個發問就問得犀利。

「這問題問得真好，也問得有陷阱！」我推了推眼鏡、想仔細看清楚這位很懂得發問的人才，「每件事的發展都有假設，倘若假設對了，結果最終應該差不到哪裡去；但如果前端的假設不夠正向，結論肯定不如自己預期！這就好比你認為商業競爭是零和，但我的假設跟你不太一樣。」

合作，才能活在食物鏈最上層

我的第一個假設是，我相信這世界的資源足以應付所有人需求，不必依賴高度競爭才能取得我們想要的。

人類這個物種的特色是懂得彼此合作，才能活在食物鏈最上層；而且，我們的存活也不是要讓自己以外的物種都去死，所以我認為這世界是富裕到足以讓我們每一個人都活得好。

相反的假設是，我們很擅長用「贏和輸」來定義該如何分配資源。例如，你追求的很可能是拿到所有、絕大部份自己最想要的，這樣即使是贏，肯定也是「慘勝」。為什麼？因為這次你贏了，下一次別人無論如何都會想贏回來。每天所有人就**在「零和思維」中對弈，不可能會有攜手實現更偉大事蹟的想像力**。

所以很明顯的，即使我們都在同一個世界，但如果假設不同、信仰不同，自然會讓我們用相反的角度看待「商業」這件事。

無法被比較，就不會有競爭者

我的第二個假設是，日常商業肯定有競爭者，即便如此，我還是不斷強調，品牌是沒有競爭者的。為什麼呢？產品才有競爭者，因為功能類似、規格相近、包裝幾乎差不多，在產品面上幾乎你做什麼，別人就跟著出什麼，可能在功能上大同小異，最終影響消費者在購買時思考的，就是在規格、價格上找差異。

品牌不一樣！品牌需要想辦法**在有形產品的載具上，堆疊出無形的價值**，這不是口號，是一種相信。

這個相信會讓你和團隊定錨，定錨後才有比較的基準，才能建立起共同的文化和價值觀，才能把無形的價值很具體的呈現出來。當你無法被比較，就不會有競爭者，在消費者心中就只有「想要或不想要」的問題了！

商業是用我的好，來換你的好

我認為「商業世界」是人類最棒的發明——用我的好來換你的好，所以當我需要食物，而你需要水果時，就可以相互交換。我看到你提供給我東西的價值，你也看到我提供給你服務的價值，我們倆不就是在圖利彼此嗎？

倘若出發點是零和遊戲，別人有了，我就少了；別人拿到了，我就輸了，所以無論如何一定要爭到贏，搞得這世界上只剩下贏的人和輸的人。遺憾的是，贏的總是少數，輸的是多數，如此，我們就會忘記追求自己的獨特點，聚焦在把別人幹掉的惡性輪迴中。

商業其實是最好的價值交換，品牌是一個最棒的利他行為。

更重要的，我們不是活在競爭的年代裡，而是活在一個彼此砥礪、不斷升級心智，讓我們走向更高維度，去享受更美好的世界裡。

相信每個人都會同意，我們現在活得比過去每一位皇帝都要好，即便你我只是中等階級，生活環境與品質早就比皇帝好太多了，那我們還要爭什麼呢？當你想著「零和」，可能別人早就等著把你「清零」了！

「信念」這件事，只有信與不信，請相信這個世界富裕到讓所有人都能富足，每個人都可以建構自己成為與眾不同的品牌，**在商業和品牌的利他中，每個人都可以提供獨一無二的價值**，而且讓世界因我們的存在變得更加美好。

50

破框思考，畫對重點

「老師，我最近有一個問題很困擾，想了很久也不知道應該怎麼辦？」一位創業學員滿臉問號的說。

「是喔，說來聽聽。」我饒有興趣的看著他。

「我們這一年研發了一個新產品，沒想到被另外一家公司模仿，因為那家公司的主要客戶群都是企業老闆，而我們公司都是跟行銷部合作，所以有好幾次，雖然行銷部人員接受了我們的產品，但報上去以後就被刷掉，轉去向那一家購買了，」他忿忿不平的說，但看了我一眼又補充道，「可能是我們的品牌還不夠大啦。」

「你是在煩惱吃飯的時候，有蒼蠅在旁邊吵，還是煩惱眼前的東西不夠吃？」

我噗哧一聲笑出來，看著他。

他的眼睛突然放大，直直的看著我，停了許久才回答，「應該是擔心眼前的東西不夠吃吧。」

找出事情的本質，面對它

「如果是個新產品，理論上市場應該夠大，應該可以容得下兩家，大家可以一起把市場做大，但如果才剛開始，你就擔心不夠吃，又推到是品牌的問題，那就有可能是畫錯重點了。」我補充解釋。

以前，業務人員在外面受到挫折，就會回來對我抱怨業績被搶走，或者客戶不買單，反正沒拿到訂單的「理由」可以百百種；但如果每一個理由都正確，修正之後業績還是做不到，那就一定是有一個真正的「原因」沒有去面對。

不去面對真正的原因，就一定會有另外一千個理由，讓業績繼續做不到。通常業績做不到，業務人員會說品牌有問題；品牌做不好，行銷人員會說資源不夠多。如果品牌真的這麼不好，這些人怎麼會在這裡上班？

一個企業的領導人最重要就是找出事情的本質，面對它，而不是讓自己在那個問題中打轉。

老闆的高度是要能帶來破框思考，如果把自己跳到業務人員的思維，那就可惜了！千萬不要讓領導人的心去模仿業務人員的心境，

產品可以被模仿，

但別讓你的心被超越。

51

認識你的顧客，還是只認識他的口袋？

「老師，我們研究出一個非常好的產品，但是內部討論產品功能時，每個部門都提出了他們的觀點跟看法，好像也都講得蠻有道理。我也去問了股東，他們也提了一些觀點，但是我仍然不知道要如何做判斷、下決定？」一個學員在我演講完後急匆匆的跑來詢問。

「你的新產品真的很棒嗎？自己有用過嗎？」我看著他說。

「我用了，我覺得很好，可以改善很多人的身體狀況。」他頗有信心的回答。

「那你這個產品之前有賣過嗎？舊有的產品在做研發改善前，那些購買你產品的消費者怎麼看待你的產品？」我接著問。

「他們買了就買了，我也不知道他們買了以後會怎樣，但業績是普通啦，並沒有達到我原先的預期，而這也是為什麼我們要改善產品的原因。」他說得含蓄，但我聽了以後不禁為他捏一把冷汗。

了解消費者的使用體驗

「那你都不知道他們買你的產品是好在哪裡，不好在哪裡，你要怎麼改善？是天馬行空的去改善？還是根據消費者使用過的感受以後去改善呢？」

「所以老師你的意思是？」他看了我許久。

「你應該去問顧客啊。」我有點焦急。

「可是我怎麼知道他們在哪裡？」他一時間無法反應。

「怎麼會不知道？如果你有在店頭零售或是藥房販售，就去現場觀察是誰買的，問他為什麼買？或者在臉書問一下有誰買過？如果願意給一些想法跟意見的話，你會很感謝並提供好禮回饋啊。

最重要的是，知道你的使用者會怎麼看或使用你的產品。你的產品到底給了你的使用者什麼樣的美好體驗？或者他使用的體驗跟你原先預期可能不一樣，那你才可以了解真實的情況。你對你的產品認知很美好，當然是好事，但是你的產品又不是只賣給你一個人。」我把話說得直白。

「老師，我懂了，我會請同仁趕快去問。」他握緊了我的手說。

老闆要親自了解顧客

「如果有心了解顧客，你就是要『親自』去了解啊。老闆了解顧客，做商業判斷時才不會失了準頭，員工也會更努力去了解顧客；所以你要清楚顧客對你的產品、品牌、公司的觀點，而不只是清楚顧客的口袋有多深。」我又多說了兩句。

做生意時最大的盲點，是把賺錢當成最終目的。當然，企業不能不賺錢，不賺錢也活不了，也表示企業沒有價值，但賺錢肯定不是成立企業最終或唯一的目的。

「加油喔。」我看著他說，「你做的事很重要，但記住，生產產品的同時，若能更了解顧客使用的狀況有沒有達到原先的預期，同時讓顧客不斷提高體驗的美好，公司的價值就會彰顯出來，在此同時，你賺的錢肯定也會不斷加上來。」

52

是吃到補藥，還是吞下毒藥？

「請問執行長，我們努力了一段時間，終於拿到了一個大客戶，若這個客戶進來，可以讓我們有很漂亮的客戶名單，並因此吸引到更多新客戶，但他們堅持要我降價兩成，努力了這麼久，要不要接這個客戶讓我很困擾……」在一個中小企業CEO的演講上，一個年輕的創業家問我。

「聽起來，這應該不是生存的問題，而是成長的問題，對吧？」因為時間不多，我就直接進入主題了。

「是。」他很快的點頭。

「兩個觀點供您參考。第一、**最短的路不等於最快到**，因為捷徑通常也是最擁擠的，擦撞難免。第二、用最快的速度，**在衝撞的過程中忘了初衷**，到達以後會發現面目全非。」我很快的回應。

「我不知道你經營公司的願景跟價值觀，所以很難建議你接或不接？但身為公司CEO要衡量的是，你做的每一個決定，其實都是在發送訊號給你現有客戶跟新客戶，更重要的是，也在發送訊息給你的員工，關於你是如何看待自己存在的價值，以及經營企業的願景。

新客戶如果因為價格而跟你合作，通常沒有最低、只有更低，未來是不是別人也很容易用低價來搶？現有客戶可能也會因為你用低價接了新客戶，轉而要求你降價，同時對你的信任打折扣。」我告訴這位青年創業家，沒錯，企業最重要的是成長，但必須要是「健康的成長」。

「品牌思維」是成長關鍵

什麼是健康的成長呢？就是有獲利的成長、強化價值的成長，而且成長來自於企業領導人的「品牌思維」——也就是對願景的設定，到價值觀形成的文化，如此商業模式與策略才會有一致性與持續性。

從零到一的過程中，領導人的天分與努力決定了公司的存亡；但在公司開始從一到一百的快速成長期，領導人若能將品牌意識落實到公司的方方面面，才會有中心思想，核心價值才會慢慢浮現。

領導人做的每一個決定，都在一定的軌跡上累積，才能強化企業的獨特價值。這也是為什麼我要成立WAVE，幫助台灣的中小企業CEO建立「品牌思維」的原因。我希望讓「品牌價值」在CEO心中具體化，並精準的傳遞給團隊和客戶，也才能讓CEO在營運上成功落實他特有的品牌領導之道。

「生存是不能保障生存的，成長才是最好的保障。」這是科幻小說《三體》作者劉慈欣說的，但要清楚「成長」是來自於吃到補藥，還是吞下毒藥？又或是短期補、長期毒？這個CEO的心裡要有數。

最後我告訴這位年輕創業家：**你比你所想像的更強大**。

創業就是建立「從零到有」的品牌，要相信自己，更要相信你的團隊，千萬不要低估品牌和成長的可能，但記得，要健康的長大。往前走、向上走，路會一步一步的展開，形成你獨一無二的成長旅程。

53

突破對價格的恐懼，才能創造對價值的想像

「我做品牌就是要追求暴利……」這位看起來頗成熟，經營家居產品的總經理，在我問她為什麼想做品牌時，一臉認真的對我說。

「為什麼妳認為做品牌會有暴利呢？」我不解的問。

她跟我說，她有一個同行，產品沒她的好，但東西賣得比她貴，生意卻比她好，賺得比她還要多更多。她不能理解為什麼顧客都不懂，產品品質這麼明顯就可以看出差距，竟然願意付更多錢給同行？

「請問妳開什麼車？先生開什麼車？」我看她穿著很樸實，就問她開的車。

「先生開保時捷，我開賓士。」她顯然很疑惑，但還是回答了。

「你們為什麼買那個牌子的車？」我繼續問。

她說，先生是因為好朋友都開保時捷，所以他也開一樣的；她自己則是因為開賓士車，比較容易受到人家的尊敬。

「所以你們都沒有去比較這個車子的性能跟別款車有什麼不同？馬力差多少？座椅是用什麼樣的皮做的？音響等級有什麼不同？」，

「沒有耶。」她楞了一下說。

「所以，妳和妳的同行，是在平行世界裡做生意。」我看著滿臉困惑的她說。

「妳一直和客人講產品如何製造、從哪裡進口，什麼樣的規格、更好的品質、更低的價格，客人跟妳用相同的腦在運作，妳談價格，他就談ＣＰ值。

而妳的同行在和客人談『家』的意義，家裡想要營造的氛圍，以及經常來往的客人型態及生活作息，他的客人就會和他談家庭生活上的喜怒哀樂，作業型態，和朋友及家族的連結……」這位總經理眼睛睜得大大的，顯然是需要一點時間消化。

如果還是用「過去的思維」，去做「未來的生意」，過去成功的獲利模式，可能不見得適合未來的競爭狀態。

突破對定價的恐懼

以做品牌來說，「品牌」是在「產品」上創造「價值」，並且讓價值在「價格」中反映。

所以，當你認為做品牌賺取的是暴利時，表示你不相信自己和團隊值得那個「價值」所反映的「價格」。癥結點可能在於：你對自己的產品和服務所能提供的價值缺乏想像，所以只能在物品成本上計算，因此無法突破「對定價的恐懼」。

所以這位總經理可能要很誠實的問自己：

一、你是否認為產品就是你唯一可以提供的價值？

二、你是否對自己和團隊沒有信心？認為你們無法在有形的產品上創造出更高的無形價值。

價值來自顧客的情感需求

品牌之所以可以獲得更高的利潤，是因為它在產品之上建構了更高的價值，那個價值是由顧客來感受、認定的，但這個價值的起點必須透過企業領導人和團隊，因著了解顧客的情感需求而創造出來的。

就像這位總經理和先生選擇車子時，根本沒在比較規格與配備，而是取決於賓士和保時捷對個人的意義和情感價值一樣，他們購買的是一個「相信的品牌」，而不單單只是一輛車而已。

在好的產品上面，**只有創造出對價值的想像，才能夠突破對價格的恐懼**。而這正是品牌意義之所在啊！

54

取捨的智慧

「我實在不懂為什麼我的產品這麼好，賣得這麼普通？別家公司模仿我的產品還賣得比我好，真是沒天良！執行長妳說，這到底是怎麼回事？」一個老闆在我還沒有坐定就忿忿不平的說。

「要說產品功能，我們是第一個出的；要說品牌，我們也是有打廣告；要聽消費者聲音，我們也有聽啊！消費者要我們做厚的、輕的、薄的都做了，客戶要的統統都給他，但生意還是起不來⋯⋯」沒等我回話，他又自顧自的往下說。

「所以。」我輕輕問了這位老闆，「你們家產品特色是什麼？」「就是很好穿啊！老少咸宜啊！便宜、貴的我都有！」他回答。

「那產品特色跟賣的比你好的那一家，有什麼不同？」我再問。

「也沒有什麼不同啊，他們都模仿我啊！」他很爽快的回答。

「嗯！產品沒什麼不同，你也廣告，消費者說的你也都做了，那我大概就懂了。」我提供給他兩個觀點。

一、產品沒特色。因為你說自家產品跟別家產品差距不大，雖然他是模仿你的。

二、沒有清楚的目標對象。你說都有聽消費者的聲音，而且是任何消費者你都聽，兩者互為因果，因為你不清楚要集中在哪一個目標對象，所以誰的話你都聽，什麼需求都做，產品變成沒特色。

清楚區分目標對象

「當你只是把自家產品用市面上的相同產品在販賣，消費者也只會看哪家東西便宜，哪個地方容易買得到，因為有你、沒你根本差別。若再繼續這樣做，我想和你對未來業績的期待，可能會有很大的差距。

當然你說，要賣給所有人也不是不行，但要考量自己的資源，就算是國際大公司，寶僑（P&G）以SK II第一次進軍高檔保養品牌，也是先從精華露開始，站穩腳步後再攻向面膜。蘋果一開始是做電腦的，目標對象先瞄準設計師。它很清楚自己的目標對象是認為自己很特別的一群人，這群特別的人可能不一定用年齡區分，因為時代不同，現在可以用社群來分。

但如果不先分清楚，就會因不清楚而沒有聚焦，誰的話都聽，做A就掉了B，做B就掉了C，這樣的情況下，業績要有很大的成長，真的比較困難！」說完，面前老闆的臉色不是太好。

「取捨」是品牌最煎熬的一哩路

「如果沒有在消費者的心目中定下一個清楚的品牌印象跟形象，只想賣給所有人，那麼消費者對你的產品印象就會非常模糊。

一直講自己有多好，對不同的消費者來說，就是和自己無關的訊息，看了就過了，什麼也不記得。在資訊氾濫的現代，不要說你沒那麼多錢針對不同對象做廣告，就算做了，廣告也是浪費掉。

只有當產品的目標對象非常具體清楚，才有可能講他聽得懂、或他想聽的話。沒有清楚的目標對象，就會像父子騎驢，任何修正都只有部份人滿意、部份人不滿意。要麼討好現有客戶，業績卻沒有大成長；要麼想抓新客戶，卻掉了老客戶。」我看著他的眼睛說，父子騎驢的道理大家都懂，可是自己碰到時就很難做決定了。

品牌最煎熬的一哩路，就是做取捨。尤其是捨棄，要捨到什麼程度？並將資源全部集中到哪一塊核心？考驗著領導人的高度與耐力。

55

把市場危機變品牌生機

「林董，你的頭髮怎麼白成這樣？」透過視訊，我們兩人終於看到彼此。這中間彼此聯絡都是透過電話，沒想到才不到半年，怎麼頭髮白成那樣？看了都心疼！

「瑪格麗特，我也快追上你了。」他對我苦笑著說。

「不會吧！林董，你比我年輕七、八歲耶！」看著這個負責整個亞洲的外商CEO，我說：「到底發生了什麼事？」

「就單純生意啊！還能怎樣？整個市場的狀況就是起起落落，有一陣子業績掉了八成五。」他無奈的說。

「哇！那你總公司怎麼說？」我連忙關心。

「業績掉了八成五他們沒說什麼，倒是我後來做了一些事情，他們有不同的意見，所以花點時間在獲得他們的了解與支持……」喔？這就有趣了！我們兩個隔著螢幕舉起杯，對了對。

生意是一時，品牌是長久的

「雖是外商，但我總覺得品牌精神還是要維持。生意是一件事，品牌卻可能要想得更遠一些。畢竟生意是一時，品牌是長久的。這次疫情突發，一開始也是措手不及，靜下來後我做了應變順序：先照顧員工、再照顧客戶，最後才照顧消費者。

有些員工因為沒有上工，沒有獎金，就沒有辦法支付一些開銷，我就讓他們預支兩個月的薪水，讓他們先放心照顧自己和家人。至於客戶端，我們知道他們很辛苦，別家公司還一直要求塞貨，但我們就不強加，所以業績掉得又快又猛；還有些遇難關的客戶，甚至也讓他們延票期。這些都跟市場上的操作不太相同，所以我要多花點心思讓總部了解，並支持我的決定，因為這也牽涉到集團的股價。」聽他講述整個過程時，我心裡就在想，哇！要有著多清楚的價值觀和強大的意志力，才能做出這樣的決定？

明明他只是在電腦螢幕上秀出半身，我卻感覺自己好像看到了一個巨人！

我們常常在講做人應該如何、應該幫助弱勢、應該多替別人想……很多道理都知道，但是碰到時我們就是做不到。

海浪打過來的時候，我們都是先跑，可是他竟然有辦法在跑的時候，再回過頭來救一下那個人、救一下這個人，而且講得這麼輕描淡寫。我很清楚「輕描淡寫」是他的個性，所有的辛勞、心力的疲憊，全都寫在頭髮上！

品牌，更難的是對價值觀的堅持

「現在生意還好嗎？」我關心的追問。

「生意現在是三〇％到五〇％的成長，推出高價品牌的接受度也很高，因為前面疫情時的互動，客戶有很深的感受，不只是歡迎我們的業務員，還主動叫貨，再加上消費者現在對自己更好，高端需求出來，生意反彈超乎想像。」他露出一個幾乎看不到的微笑。

品牌，難在有清楚的價值觀，更難的是對價值觀的堅持。

偏偏又只能在最糟糕的狀況下才能夠知道，你是不是真的相信那個價值觀，還要有更大的能量去堅持，這根本就是一個人性大考驗——讓人跟心裡最黑暗的那一面去搏鬥。

但也只有當你墜入那個黑暗深淵中，才能知道你會奮力發出獨特的光？還是同時也化成了黑暗？

品牌跟產品最大的不同是，產品訴說著自己，但品牌是別人怎麼說你。百年難見的危機，正是品牌的試煉與生機，熬過這個試煉也才能讓同仁、客戶、消費者真的相信，這個品牌存在的意義及價值。

在這個堅持中，也才能真正成為一個人們信任的品牌。

在市場最混亂時的作為，在不確定中的表現，都呈現了這家企業的價值觀。因為堅持，肯定會讓品牌在未來有更多的信任，與超乎意外的成長！

56

每一次相聚，都值得慶祝

在加拿大，豐田汽車經銷商 Charlesglen Toyota，做了一件與眾不同的事：他們幾乎天天開慶祝派對！

不是只有汽車成交才有慶祝活動，如果顧客只是想來慶祝老同學多年後再度聚會，他們也會敞開大門相迎。然而，這些看似跟賣車無關、還要額外支出的活動，竟然讓銷量提升了，而且業績長年領先同業。

參訪時，許多人七嘴八舌的對這個經銷商的 CEO 提姆（Tim Beach）提出疑問：「為什麼想要做這件事？你們持續多久了？同仁接受嗎？會花很多錢嗎？和廣告費比較起來少很多嗎……」

提姆看起來很嚴肅，一開口卻語調溫柔。他在加拿大卡加利（Calgary）地區，管理二十家 Toyota 經銷商，當初在接手時，也曾花很多錢打廣告，卻沒有效果；他也找了不同的品牌顧問，討論公司產品定位與其他公司的不同……直到有一天，他和一個品牌顧問聊到小時候的童年生活。

每次相聚，都值得慶祝

「當我還很小的時候，住在很偏遠的地方，很少會有人路過，所以只要有人來，我就會很興奮的跑到外面去迎接。」提姆不疾不徐的說，「我爸爸也總是非常熱情的款待客人，因此也養成我對客人由衷歡迎的喜悅。」

與提姆對話的是和 WAVE 合作，長期為中小企業輔導的品牌顧問蓋爾．麥斯威爾（Gair Maxwell），他從提姆的兒時回憶中看見了提供給顧客的獨特價值。

「當產品和別人一模一樣（例如汽車），可容忍的價格差距一定相去不遠。」蓋爾沉吟片刻後說，「產品可以類似，但只要服務的人不一樣，公司的文化跟精神不一樣，服務過程中的熱情和投入程度也不一樣，品牌精髓就可以大不相同。」

每日慶典，人生就是這麼美好

對提姆而言，童年的記憶讓他相信每一次相聚其實都是一個很稀有的機緣；每一次相見都是一場慶典，也因此每一次的相聚都值得慶祝。這樣的信念，讓提姆為顧客提供了獨特的價值——「每一天」都在公司舉辦一場不一樣的慶典。

提姆希望帶領大家經歷他兒時看到客人的歡喜雀躍，而且每一場慶典都可以找到很好的理由：慶祝 Calgary 曲棍球隊成立週年、慶祝加拿大多元文化的相聚、慶祝國家維尼熊日、慶祝樂觀者日……每個人都可以加入這場慶典，一起來慶祝，現場有餅乾、飲料、蛋糕，還有剛烤出來的鬆餅，因為人生就是這麼美好！

雖然是每一天都是慶典，但其實花費並不多，一年的開銷甚至不到過去廣告費的二〇%。然後他們將每次的慶典過程放上 YouTube，讓更多人知道：「只要有人想慶祝，都可以到這裡來，我們來幫忙一起慶祝！」

後來真的有些人想開同學會，就去了 Charlesglen Toyota，結果所有員工真的幫他們「慶祝三十年後同學再相逢」，也將整個過程放上 YouTube。

以產品為載具，呈現價值的意義

這跟賣車生意有相關嗎？好像沒有直接關係。

但提姆說，「很多時候人們來看車時，看到我們在慶祝，也會一起加入，覺得新奇、有趣又開心，這常常讓車子的成交率提高，甚至有很多人從很遠的地方過來，特別來跟我們買車，因為他們**相信開心買車，開車也會開心**。」

品牌是以「產品」作為載具，但呈現你價值的意義之所在，不管是你的企業文化、創辦人的初衷，或想要幫助這個世界的渴望，都是讓這個品牌跟他人有所不同的地方。

很多時候，企業的老闆煩惱自己的產品差異性不大，沒有辦法找出獨特點。當然，產品本身一定要有很好的品質，那是你花心思給顧客最好體驗的基礎，但品牌跟別人的差異可以是來自產品，更可能是來自你想要給予你的同仁、你的顧客，以及這個社會、這個世界，因為這個品牌而有所不同的意義啊！

57

什麼都做，但什麼都不特別？

「執行長，我們是食品業，有賣給個人、家庭、也有賣給餐廳。我們公司什麼都做，前幾年還做得不錯，但後來很多人都做跟我們一樣的東西。這兩三年的生意一直不上不下的，沒有什麼成長，利潤也拉不上來。

我想建立品牌，看可不可以拉高業績？但我真的找不到我們公司有什麼不一樣的點，不知道能給消費者什麼樣獨特的承諾……」一個中小企業老闆皺著眉，滿臉寫著「操煩」二字，在我演講後前來詢問。

「不能給消費者獨特的承諾，您的意思是？」我有點不太了解。

「就是市面上該有的產品我們都有，但和別人都沒有太大的不同。」他有點不好意思的解釋，我繼續聽。

「我們的公司產品真的沒有什麼特別，有時我們開發一個新口味，消費者很喜歡，但是沒幾個月競爭者就跟上來，所以如果真正要講差異，好像沒有什麼特別的……」他又想了一下，補充說道。

看他身上穿了巴塔哥尼亞（Patagonia）的衣服，我問他為什麼買這件衣服？

「我覺得這家公司很有趣啊，他們就是要做對環境有益的事，而且那個創辦人好像也真的有在這樣做。」他眉頭舒展，露出微笑。

「可是衣服應該不便宜吧？」我問。

「對啊，真的挺貴的。」他笑得有點靦腆。

「但我看這件衣服的質地好像也沒有什麼特別，設計也挺普通的，跟UNIQLO的T恤差不多啊，但價格應該差了三倍吧？」我笑笑的說。

「還是有一點不一樣啦！」他的聲音大了一點，好像在護衛這個品牌，但他笑得很開心。

「產品」跟「品牌」的差異

「奇怪了，你都沒有說他們做的衣服質料有什麼特別，穿上去身體的感覺跟其他品牌有什麼不同，你講得好像是這個公司的創辦人的理念跟價值觀。」我回說。

「對啊！我真的是很喜歡他們的理念！」他並沒有聽出我話中的意思。

「所以啦，你一直覺得你們公司的產品沒有差異，可是明明你們都很想做對這個社會有益的食物。而且你們做出來的東西都做得很好，雖然競爭者跟得很快，但是你們也一直在進步，從來沒有停過啊！

你們相信自己在做的事情對整個社會有幫助，所以你都還會叫你家人、朋友來買這些東西，你自己也都這樣吃，也沒有吃別人的東西，不是嗎？」我說。

「當然啊！我們真的相信，我們的東西很健康、安全、沒有任何添加物……」他講得底氣十足，胸膛還挺了起來——這就是典型實做、認真的台灣人。

我告訴他，這就是「產品」跟「品牌」的差異。

很多人都認為，我的產品一定要跟人家差異很大；如果人家跟上來，他就不好意思講。但我常常說，現在AI都出現了，大家能做出來的東西差距都不大，在這樣的情況之下，若用能以肉眼可見的產品外形、規格、配備來對比，你永遠都沒東西可講了。但是，就像這位中小企業的老闆所言，他覺得巴塔哥尼亞這個品牌的創辦人理念很特別，他很欣賞，因此願意花三倍的錢去買這個品牌的產品——這就是差異呀！

將差異做到極致

「退回來說到你的公司，你這個創辦人的存在，就是獨一無二的啊。就如同全世界的人乍看起來都一樣，但實際上就是不一樣，不然怎麼會有用指紋來辨識這件事？所以做品牌，就是要去建立我們的辨識度！」我告訴這位中小企業老闆。

辨識度，當然有可能是因為產品。產品沒有做好，談什麼都是多餘的，但產品只是基礎，除了產品以外，還有很多看得到、看不到的東西，比如公司文化、服務方式、存在意義、專注某些人的特定服務、領導人的起心動念，或是想要這個社會更好的初心……這些都可以讓你跟別人產生那一絲絲的差異；

如果能將那一絲絲的差異做到極致，

那就是無可取代了！

將差異做到極致，就是你能給消費者的獨特承諾，任何人就算想跟進、抄襲，訊息也很難裝進顧客的心啊。

58

成為你自己心目中的英雄

「所以，可以請你跟我們說，你們公司的核心價值是什麼嗎？」WAVE學員才剛飛到加拿大，第一個晚上就和加拿大CEO們歡聚。聚會中，同學認真的問了眼前這位有著滿嘴落腮鬍，卻笑容可掬的加拿大緊急救難顧問中心CEO，Michael Curtis。

「緊急救難顧問，多數時間是一個很無趣且重複性的工作，你怎麼樣讓那些看起來無趣、不斷重複，總是在面對預防性災難工作的人去激勵自己？」Michael沒有直接回答學員的提問，他看著學員們繼續說，「其實我們在做的事就是，讓他們成為他們自己心目中的英雄！」

同學們的眼睛放出光芒，甚至有人起了雞皮疙瘩，我自己內心也生起了熊熊烈火，這不就是我們在說品牌故事時最動人的部份嗎？**你做的每一件事不是為了別人，是為了你自己做的**。過程中，你會發現有許多人需要你的幫助，因為你而能夠存活；因為你，他們擁有一個更美好的人生，所以你不是在做一件普通的事。

心打開了，資源便湧出

「所以，我們不是一個緊急救難顧問中心，而是一個產生無數英雄的地方（Hero Maker）。Michael下了這樣的定義。

你可以想像，在緊急救難顧問中心工作的每一個人，他們是如何看待自己的。**每一個人都有自己詮釋英雄的方式**，可是這個救難顧問中心的重點是：成為你自己心目中「最想要成為的那個英雄」。

他們需要花很多錢去為這個理念做傳播嗎？還是每一個員工、顧客都是這個願景的最佳傳播者？

中小企業常認為做生意困難重重，產品沒有什麼特色可以賣，公司沒有多的錢可以做廣告，公司規模不大而無法吸引好的人才……總認為小企業什麼資源都沒有，從來都不曉得資源就在CEO的「心上」，資源就在那個想要做出來的「願景」上。CEO的心如果打開了，願景也在那裡，資源就源源不絕湧出，甚至像蘇東坡說的：「取之不盡，用之不竭，是造物主之無盡藏也。」

未來的世界是「**有腦袋勝過有錢的，而有心的更勝過有腦袋的**」。

任何一個人，尤其是身為公司最高領導的CEO，千萬不要讓任何條件說（資源制約論）限制了你的心。

心態一改變，世界大不同。

而你肯定能創造出一個獨特的世界，並且成為你自己心中的那個英雄，同時也讓你的員工，成為他們自己心目中的那個英雄。

59

AI時代如何吸引人才？

「執行長，我們公司不大，辦公地點也不是在都市區，找人好辛苦。建立品牌真能夠幫我們找到人嗎？」演講完後，有個年輕的企業總經理很煩惱的跟我說。

看他的神情，想必這個壓力已經壓在身上很久了。但我心裡有數，「缺人」這個問題，不是個別公司、產業、國家的問題，而是這個時代的問題。

整個世界都在翻轉，幾乎沒有一家公司不缺人。

日本、台灣尤其明顯。我記得去年去日本時，有家餐廳看起來還有一半以上的位置，我們就走進去，沒想到就有服務人員過來跟我們說：「對不起，我們沒辦法再接客人，因為現在人手不足。」

台灣也不遑多讓，我們公司附近有一家餐廳很有特色，我常帶人去那邊吃飯，沒想到有一天接到餐廳來函，上面寫說：「疫情的兩年我們沒有被打敗，但是很抱歉，我們現在要停業，因為真的找不到人，這一仗我們已盡全力。」

我完全可以理解，企業沒有錢、沒有資源、沒有特色，都可以透過努力去彌補，但沒有了團隊、沒有人，其實也就沒有了企業。

沒有人，也就沒有企業

WAVE在四月中帶領一群中小企業CEO，到日本鳥取和十二家企業CEO進行交流。去之前還在想：鳥取是日本最小的縣市，全縣才五十二萬人，為什麼有這麼多家公司在做品牌？整整三天的密集交流與互動下來，讓同學們大開眼界，開始學會從「人才」維度來思考「品牌」這件事。

我們去拜訪一家金屬機械加工業「西田製作所」，負責人是接手快三年的二代。這是一家標準的黑手作業，而鳥取這地方人口少、市場小，從父親手上接下企業之後，年輕CEO希望建立自有品牌，但偏偏考驗他的第一件事情就是——找不到人願意做這黑手的工作。

翻轉品牌思維來突圍

沒有人，該如何創新突圍？他決定從建立品牌著手貫徹兩件事：

第一件事，是建立現有同仁對公司的認同。他從公司名字中找出他自己喜歡的元素，並且加入他個人的信念與價值觀，透過新的商標設計、標語，來呈現他對願景的擘畫。

第二件事，是設計能表達公司理念，並且放入現代感元素的員工制服，以此來吸引新世代。

當他看到以往員工在下班前會迫不及待的脫掉制服，現在員工願意在下班後穿著新制服去公司附近採買，就知道走對了第一步。更別說新制服也提升了公司士氣，甚至還有人找朋友來這裡一起上班。

吸引有同樣期待的人

在未來的時代裡，當很多產品都可以用機器或ＡＩ快速製作，而且產品的品質及功能類似的時候，想要突顯公司存在的不同，就只能靠企業品牌建構了。

企業品牌，很重要的就是公司的文化、價值觀，或者創辦人的理念與初衷跟別人有什麼不同？同樣都是賺錢，但金錢絕對不會是唯一的思考，**僅憑金錢，無法凝聚人與人之間的連結**。

產品很重要，但沒有團隊／人才，肯定也不會有想得到的未來。

建立企業品牌會讓你更認識自己，也會因為你更認識自己，表現出自己的獨特，從而讓更多人認識你，吸引到跟你有同樣期待的人，一起走向目光方向相同的世界，一起創造共同的美好。

後記

自有人類歷史以來，其實就是一本「人性」展現史。多少愛恨情愁、七情六慾盡在其中；而「人性」無所謂好壞對錯，總結也只有善與惡，表現出來不是恐懼，就是愛。

書裡每篇文章都來自我個人的人生體驗，我遇見的每一個人都是我的老師，讓我能夠在面對焦慮恐懼時保有信心，絕望至極時還能生出一絲絲的希望，我心懷感恩。

這一路走來，我由衷感謝我生命中的摯友陳薇薇、姐姐黃麗美，妹妹黃麗玲對我無底線的支持，也讓我看到人性中最美好的一面，讓我有著勇氣做我自己，更體驗了人世間的許多奇蹟。

這本書的版稅，全額捐助家扶基金會、博幼社會福利基金會，以及至善社會福利基金會，謝謝他們讓這個社會有更多積極向上的能量。

感謝天下雜誌出版事業群的沛晶，細緻的總規劃與執行，清安、春玲的行銷策劃，以及總編輯吳韻儀的支持與肯定，讓這本書可以成形。更感謝我的兩位好夥伴，李思漢耐心並專業的將文章整理規劃，陳奐好超人般的使命必達。

最後要感謝購買這本書的您，相信會購買這本書絕對不是一個偶然。「善待自己」是開啟「人性」最美好的起點，我們一起展現更多人性善的一面，讓愛自足於愛，並因此讓你成為你最想要成為的自己。

天下財經 558

請問 CEO，你可以有點人性嗎？

作　　者／黃麗燕
封面設計／ FE 設計 葉馥儀
內頁排版／ FE 設計 葉馥儀
責任編輯／方沛晶
協力校對／陳益郎

天下雜誌群創辦人／殷允芃
天下雜誌董事長／吳迎春
出版部總編輯／吳韻儀
出 版 者／天下雜誌股份有限公司
地　　址／台北市 104 南京東路二段 139 號 11 樓
讀者服務／（02）2662-0332　傳真／（02）2662-6048
天下雜誌 GROUP 網址／ http://www.cw.com.tw
劃撥帳號／ 01895001 天下雜誌股份有限公司
法律顧問／台英國際商務法律事務所．羅明通律師
製版印刷／中原造像股份有限公司
總 經 銷／大和圖書有限公司　電話／（02）8990-2588
出版日期／ 2024 年 6 月 26 日第一版第一次印行
定　　價／ 420 元

國家圖書館出版品預行編目 (CIP) 資料

請問 CEO, 你可以有點人性嗎 ?/ 黃麗燕著 . -- 第一版 . -- 臺北市 : 天下雜誌股份有限公司 , 2024.06

面；　公分 . -- (天下財經 ; 558)

ISBN 978-626-7468-26-5(平裝)

1.CST: 職場成功法

494.35　　113007757

書號：BCCF0558P
ISBN：978-626-7468-26-5（平裝）

直營門市書香花園 地址／台北市建國北路二段 6 巷 11 號 電話／（02）2506-1635
天下網路書店 shop.cwbook.com.tw　電話／（02）2662-0332　傳真／（02）2662-6048
本書如有缺頁、破損、裝訂錯誤，請寄回本公司調換